Educação Ambiental,
Cidadania e Projetos de Transformação

CB142547

Educação Ambiental, Cidadania e Projetos de Transformação

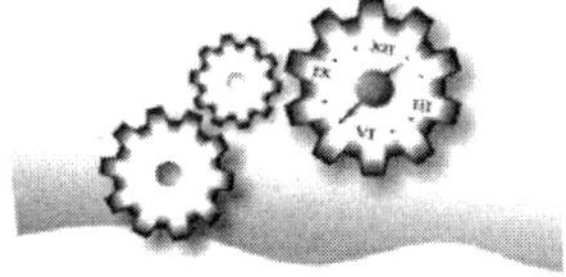

Cristiane Gantus Encinas

Tecmedd®

CIP - Brasil Catalogação na Publicação
Câmara Brasileira do Livro, SP.

Copyright ® 2003 - *Tecmedd Editora.*

É proibida a duplicação ou reprodução deste volume, no todo ou em parte, sob quaisquer formas ou por quaisquer meios (eletrônico, mecânico, gravação, fotocópia, distribuição na web e outros), sem permissão expressa da Editora.

2004

PRODUÇÃO EDITORIAL

Diretor Responsável - *José Roberto M. Belmude*
Coordenação Científica - *Cristiane Gantus Encinas*
Editoração - *Publix - Produções*
Laser - *Jean Carlos Barbaro*
Capa - *José Roberto Maronato Belmude*

ISBN 85-8665032-3

Reservado todos os direitos de publicação, em língua portuguesa, à:

Tecmedd® Editora
Matriz:
Av. Maurílio Biagi, 2850 – City Ribeirão
14021-000 – Ribeirão Preto – SP
Fone: (16) 3993-9000 - Fax: (16) 3993-9010

Filial:
Rua Amaral Gurgel, 127 10° Andar Salas 101/102 – Vila Buarque
01221-000 – São Paulo – SP
Fone: (11) 3337-1121 - Fax: (11) 3338-2648

Tecmedd®

SAC 0800 99-2236
www.tecmedd.com
editora@tecmedd.com

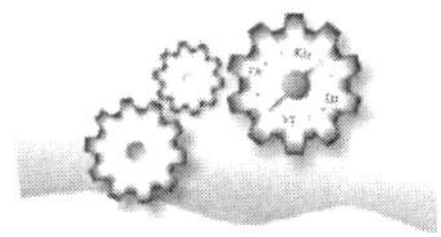

Este livro é uma proposta, não é a resposta, e nem o caminho.

É uma possibilidade. Um convite à ação e ao respeito.

Compartilho este livro com todos aqueles que um dia se perguntaram o Porquê?

Compartilho este livro com todos aqueles que tem garra, vontade e energia para encontrar as próprias respostas.

Compartilho este livro com todos aqueles que buscam e querem um mundo melhor. Um mundo mais digno, mais significativo, mais humano.

Dedico este livro à você que sonha.....e que segue os seus sonhos....

A autora

Sumário

Capítulo 1

E o Meu Futuro, Tem jeito?

"Colabore com seu biógrafo. Faça, erre, tente, falhe, lute!". Mas, por favor, não jogue fora, se acomodando, a extraordinária oportunidade de ter vivido. Tendo consciência de que, cada homem foi feito para fazer história. Que todo homem é um milagre e traz em si uma revolução. Você foi criado, para construir pirâmides e versos, descobrir continentes e mundos, e caminhar sempre, com saco de interrogações na mão e uma caixa de possibilidades na outra."

Nizan Guanaes

ALEGRIA ▪ TRANSFORMAÇÃO ▪ PROGRESSO
COMPETÊNCIA ▪ AMOR ▪ LUZ ▪ GRATIDÃO

Xiii, e agora?

Profissão, carreira, vocação, realização, sustento, sucesso, trabalho, emprego...

E agora? Segundo estimativas, apenas 25% da população economicamente ativa conseguirá registro na carteira de trabalho em um futuro próximo. Isso significa que o restante deverá pensar em como oferecer algum tipo de serviço ou de produto à sociedade para, em troca, garantir o seu sustento.

Conforme já percebemos:

- A busca de emprego dará lugar à busca de oportunidades, trabalho e projetos.
- A dependência (do emprego, da empresa, do patrão) dará lugar a uma maior independência. (trabalhar por conta, ter seu próprio negócio)
- A busca do culpado lá fora (os pais, a situação econômica do país, a escola.... etc.) dará lugar à busca de soluções dentro da gente.

Sem Atitude Mano, aí não dá....

Antes, saber datilografia era o máximo. E hoje? Nem navegar na Internet não é grande coisa. A maioria das pessoas já aprendeu.... Então, qual é o maior aprendizado?

Desenvolver novos conhecimentos, habilidades e atitudes como por exemplo:

- Amar profundamente o que se faz.
- Saber formular objetivos e elaborar projetos.
- Ser ético e íntegro e ter capacidade para trabalhar em equipe.
- Ter espírito inovador e criativo. Ser capaz de transformar idéias em ações. Ter capacidade para realizar e assumir riscos.
- Ter visão de futuro e capacidade de planejamento.
- Ser capaz de se relacionar e conquistar a confiança das pessoas.
- Ter compromisso com resultados. Estar disponível para assumir desafios e aprender.

A combinação do conhecimento, habilidades e atitudes é que determina Quem Faz a Diferença:

Conhecimento

- Adquirimos conhecimento através de:

Leituras	Pesquisa	Estudos
Cursos	Conversas	Observação

- O conhecimento é de fora para dentro.
- Nem sempre quem conhece sabe.
- Ex.: Ter curso de Inglês ou Informática.

Habilidade

- Adquirimos habilidade colocando o nosso conhecimento em prática.
- Habilidade é o treino.
- Quanto mais treinamos maior a nossa capacidade para fazer e agir na realidade.
- Quanto mais colocamos nosso conhecimento na prática, maior a nossa capacidade.
- Ex.: Habilidade em andar de Skate
- Mas nem sempre quem tem habilidade tem atitude.

Atitude

- A atitude é de dentro para fora.
- Aparece através de quem somos e fazemos de uma maneira espontânea.
- Tem muito mais a ver com comportamento, modo de agir e postura do que conhecimento.
- As nossas atitudes também nos falam dos nossos talentos.
- Ex.: Respeito

Bota pra mexer porque curiosidade não mata !!!

É isso aí, curiosidade não mata!!!!! Pelo contrário, faz um bem enorme e nos ajuda a buscar as respostas.

1. Seja curioso sobre você mesmo!!!!
2. Seja curioso sobre gente!!!!
3. Seja curioso sobre o mundo!!!!

1. Sendo curioso sobre você mesmo

Pergunte a quem você acha que se deu bem profissionalmente: Qual é o principal motivo do seu sucesso?

Garanto que nove entre dez vão responder que amam o que fazem e que sentem prazer naquilo que fazem.

Fazendo apaixonadamente...

A paixão pelo que se faz nos impulsiona a uma busca contínua pela melhor maneira para resolver problemas e superar objetivos. Mas antes de se apaixonar, é preciso observar, conhecer e conviver.... Se não, a gente se ilude e quebra a cara.

Ponha no papel seus sonhos. Quando a gente põe as idéias no papel, temos mais chance de realizá-las.

Perguntas importantes

- O que eu gosto de fazer?
- O que me dá prazer?
- Em que é que eu posso contribuir para tornar o meu mundo e o mundo daqueles que me rodeiam melhor?
- O que é que eu faço bem?
- Posso produzir algo que as pessoas precisam?
- O que eu quero para mim?
- O que eu não quero para mim?
- O que é que eu costumo fazer com o meu tempo?
- Que projeto(s) eu gostaria de encarar para aumentar meus conhecimentos e habilidades?
- O que eu sinto que está faltando?

Escute-se com muita atenção.
Todos nós possuímos uma fonte inesgotável de talento.

Mergulhe Fundo

2. Sendo curioso sobre gente

A gente vive perto de gente. Gente de todos os tipos: Os amigos, os professores, a família. Gente que a gente convive....

Uma das coisas mais valiosas que podem ser desenvolvidas na vida são os nossos relacionamentos.

Relacionamento verdadeiro a gente não compra: Conquista!!!

Gente é sempre uma oportunidade para:

- Conviver e aprender
- Respeitar
- Questionar
- Trocar de forma justa: dar e receber
- Buscar apoio e ajudar
- Ouvir e entender
- Colaborar
- Crescer
- Amar!!!

É por isso que QUEM SABE, sabe pedir, buscar ajuda e trocar.

O amor como pensamento é Verdade
O amor como ação é Ação Correta
O amor como sentimento é Paz
O amor como compreensão é Não Violência

(Sri Sathya Sai Baba)

3. Sendo curioso sobre o mundo

É isso aí cara, o planeta Terra virou um mundo pequeno, globalizado.

E o que significa essa tal de globalização? Em termos bem simples *Globalização* significa que não existe mais *interior* no mundo.

Depois de encontrar todas as informações sobre o produto que estava procurando na Internet, você pode simplesmente desligar o computador e ir até a loja mais próxima de sua casa para comprá-lo. Mas você pode, também, continuar ligado na Internet e efetuar a compra diretamente a partir do seu computador, utilizando o seu teclado.

Ou seja, graças ao avanço da Informática e das Telecomunicações, podemos comprar e vender absolutamente de tudo, *de qualquer lugar do mundo para qualquer lugar do mundo,* com grande rapidez.

Desta maneira, as fronteiras comerciais entre os países vão virtualmente deixando de existir, já que todas as etapas de um negócio - desde a busca do produto até a sua entrega ao cliente - podem ser feitas através do computador. Mas será que somente a globalização resolve os problemas do Brasil e do nosso planeta?

O que é que eu sei mesmo sobre o Brasil?
Sobre a nossa gente?
Sobre a nossa natureza?
Sobre os problemas do meio ambiente?
Sobre as nossas oportunidades?

Algumas Perguntas importantes

- Das pessoas que eu convivo, quantas eu admiro e porque? O que fazem elas serem especiais para mim? O que é que eu aprendi com elas?
- O que é que eu não gosto nas pessoas que eu convivo? O que elas fazem que me irrita? O que é eu posso aprender com elas?
- O que é que eu poso fazer hoje para melhorar os meus relacionamentos?
- Quem eu poderia ajudar? Quem pode me ajudar?
- O que é que eu tenho para trocar?
- Quem eu gostaria que fosse meu amigo? Porque?
- Eu ouço as pessoas com atenção?
- Como eu gosto de ser tratado? Como eu não gosto de ser tratado?

Coragem....

Será que o futuro é meramente uma questão de sorte?
Será que chegar lá é privilégio de alguns super dotados?
Privilégio de seres iluminados?

Nada disso......É só uma questão de coragem. De estar atento às oportunidades.

Coragem = agir com o coração. Investir nos nossos sonhos e planos. Acreditar que é possível. Ter fé na própria realização.

Todo o mundo, sem exceção tem medo (inclusive eu), mas *Coragem* não *é* ausência de medo mas *uma forte determinação de enfrentar o medo.* É a vontade de contribuir que me faz enfrentar o medo. Não que assim eu elimine o medo, mas ele se torna muito menor diante dos sonhos, desafios e projetos a que me proponho concretizar.

O oposto de oportunidade é a acomodação e apatia. O que não falta no mundo é gente que se paralisa diante das dificuldades e só reclama. Gente que não muda e faz as coisas sempre do mesmo jeito; conseqüentemente obtendo sempre os mesmos resultados: Frustrantes....

Fashion é mudar o jeito de fazer para mudar os resultados.

Tudo bem básico....e moderno. Tipo assim: Empreendedor.

Ser empreendedor é fazer a diferença, é colocar suas idéias na prática, é fazer as coisas acontecerem.

Empreendedorismo

No Dicionário da Língua Portuguesa Aurélio (2001), a palavra empreendedor designa aquele que empreende; ativo, arrojado.

O que vem a ser empreendedorismo?

O empreendedor sempre busca a mudança e a explora como uma oportunidade", diz Peter Drucker. A noção de "oportunidade" tem-se tornado centro das definições atuais de empreendedorismo. Uma oportunidade, presumidamente, significa a oportunidade de se criar valor. Os empreendedores têm a mente programada de tal forma que vêm mais as possibilidades do que os problemas criados pelas mudanças.

> *"Como empreendedor, aprendi a saber o que não sei, a ter acesso a pessoas que conhecem e, então, a estudar com afinco"*
>
> *Michael Bloomberg*

De acordo com pesquisas realizadas, o principal conhecimento do empreendedor não está nos livros, mas à sua volta, nas pessoas, no mercado, no mundo.

Empreendedor é aquele que:

- Vislumbra oportunidades
- Assume riscos calculados
- Age com firmeza e tranqüilidade
- É capaz de manter-se constante em seus propósitos

- Ë criativo, aberto às inovações
- Apresenta habilidade de interagir e produzir adequadamente com outras pessoas
- É capaz de mobilizar as energias de um grupo de forma a atingir seus objetivos
- Tem alto comprometimento. Crê no que faz
- Traduz seus pensamentos em ações. Ë pró-ativo diante daquilo que deve saber: primeiramente define o que quer, aonde quer chegar, depois busca o conhecimento que lhe permitirá atingir o objetivo.

Quero ser feliz

"Todos nós desejamos viver num mundo melhor, mais pacífico, fraterno e ecológico.

O problema é que as pessoas sempre esperam que esse mundo melhor, comece no outro. Por exemplo: preferem esperar que um vizinho ou amigo convide para plantar uma árvore ou começar uma coleta seletiva de lixo, em vez de tomar a iniciativa.

Tem gente que acha mais fácil ficar reclamando que ninguém ajuda, mas não se perguntam se estão fazendo a sua parte em defesa do Planeta. Uma coisa é certa, para conseguir convencer os outros a modificarem seus hábitos, precisamos começar com a gente e modificar os nossos primeiro, não é mesmo?

Se queremos um planeta preservado, de verdade, não basta apenas lutar contra poluidores e depredadores.

É preciso também nos esforçarmos para mudar nossos valores, hábitos e comportamentos que provocam poluição, atitudes predatórias com os animais, as plantas e o meio ambiente.

Mas só isso não basta, pois não há coerência em quem ama os animais e as plantas mas explora, humilha, discrimina, odeia seus semelhantes."

Texto de Vilmar Berna

Portanto, vamos fazer diferente!!!! Vamos fazer melhor!!! Vamos começar com a gente!!!!

Quero ser Feliz. E você também quer....

"Defender o meio ambiente preservado é fundamental para a manutenção da saúde humana.

O lixo espalhado, as valas de esgoto, o ar e a água poluída, o barulho, os alimentos contaminados por venenos e aditivos perigosos, tudo isso e muito mais, provocam doenças nas crianças e adultos, além de tornar a vida mais feia e infeliz.

Nenhum de nós nasceu para ser infeliz.

Cuidar da natureza é também uma forma de garantir a felicidade humana, pois ninguém consegue ser feliz vivendo num lugar poluído, onde não existe árvores, pássaros, animais.

Por isso a defesa da natureza é uma questão *ética*, ou seja, um compromisso de nossa espécie com o planeta, onde cada um de nós precisa assumir posturas menos individualistas e egoístas, preocupando-se não apenas com os direitos dos outros indivíduos de nossa espécie, mas com os direitos das plantas e dos animais à vida e à liberdade.

Defender a natureza não se pode resumir apenas em buscar novo relacionamento de nossa espécie com o planeta, mas principalmente buscar um novo relacionamento entre nós próprios, seres humanos."

Texto de Vilmar Berna

Mas como melhorar nossos relacionamentos?

Nossos relacionamentos...

Relação é um ato de troca.

Uma relação verdadeira é um ato de troca, de justiça, de confiança e de respeito.

Nos relacionamos com a gente mesmo, com os nossos sentimentos e pensamentos, com os outros, com os objetos, com o planeta.

Mas porque muitos de nós vivencia uma relação destrutiva com o meio ambiente? O que estamos trocando com a natureza?

A destruição da natureza não resulta da forma como nós nos relacionamos com a natureza, mas; em primeiro lugar, da maneira como nos relacionamos com a gente mesmo.

Ao desmatar, queimar, poluir, utilizar ou desperdiçar recursos naturais ou energéticos, cada ser humano está reproduzindo o que aprendeu. A destruição não é um ato isolado de um ou outro indivíduo, mas reflete as relações sociais e tecnológicas da nossa sociedade. Sabemos que precisamos melhorar nossa sociedade. Sabemos que precisamos melhorar nossos relacionamentos.

Enfim, sabemos que precisamos melhorar nossos valores.

Como? Praticando no nosso dia-a-dia novas possibilidades.....

Como já dizia a canção.... "Cada um de nós carrega o dom de ser capaz e ser feliz...."

A paz no mundo começa no meu coração

Paz não significa apenas a ausência de guerras, de disputas políticas, sociais ou econômicas; mais do que isso, paz é um estado de tranqüilidade e progresso social, caracterizado pelo relacionamento saudável e cordial entre indivíduos ou povos.

O estado de Paz ou Guerra observado em uma sociedade é, na verdade, o reflexo coletivo do grau de Paz interior de cada indivíduo.

Para haver Paz externa é preciso haver Paz interna.

É claro que estando o indivíduo em Paz consigo mesmo, naturalmente estará em paz em seu lar, com sua família, no trabalho, etc; não mais agredirá a seus semelhantes, à natureza e, principalmente, a si mesmo.

> *"Estar em paz consigo mesmo é conseguir encontrar um fio condutor coerente e harmônico entre o que somos, sentimos, pensamos e fazemos. Estar em paz com os outros é reconhecer no outro, um ser humano que, assim como todos nós também busca a felicidade e a auto-realização. Estar em paz com a natureza é sentir-se parte integrante da vida. É viver e deixar viver. Essa é a emergência de uma competência amorosa. O Amor como impulso que nos mobiliza para a criação. Só o exercício do Amor nos leva à integração e à harmonia"*
>
> *Regina Migliori*

Como ponto primordial para a conquista da Paz Interna e Externa, devemos ter sempre em mente a questão da interdependência. O que quer que aconteça com um indivíduo ou o meio ambiente afeta, em maior ou menor proporção, a todos os habitantes do mundo.

Somos parte do ambiente

Ser defensor dos nossos semelhantes, amar e servir, alimentar e vestir a humanidade também significa amar e servir o planeta que sustenta a humanidade.

Carta do Chefe Seattle

A carta do Chefe Seattle tem sido amplamente divulgada pela Organização das Nações Unidas como um dos mais belos exemplos de consciência ecológica.

"Como é que se pode comprar ou vender o céu, o calor da terra? Essa idéia nos parece estranha.

Se não possuímos o frescor do ar e o brilho da água, como é possível comprá-los?

Cada pedaço desta terra é sagrado para meu povo.

Cada ramo brilhante de um pinheiro, cada punhado de areia das praias, a penumbra na floresta densa, cada clareira e inseto a zumbir são sagrados na memória e experiência de meu povo.

A seiva que percorre o corpo das árvores carrega consigo as lembranças do homem vermelho.

Os mortos do homem branco esquecem sua terra de origem quando vão caminhar entre as estrelas.

Nossos mortos jamais esquecem esta bela terra, pois ela é a mãe do homem vermelho. Somos parte da terra e ela faz parte de nós.

As flores perfumadas são nossas irmãs; o cervo, o cavalo, a grande águia são nossos irmãos.

Os picos rochosos, os sulcos úmidos nas campinas, o calor do corpo do potro e o homem - todos pertencem à mesma família.

Portanto, quando o Grande Chefe em Washington manda dizer que deseja comprar nossa terra, pede muito de nós.

O Grande Chefe diz que nos reservará um lugar onde possamos viver satisfeitos. Ele será nosso pai e nós seremos seus filhos. Portanto, nós vamos considerar sua oferta de comprar nossa terra. Mas isso não será fácil.

Esta terra é sagrada para nós.

Essa água brilhante que escorre nos riachos e rios não é apenas água, mas é sangue de nossos antepassados.

Se lhes vendermos a terra, vocês devem lembrar-se de que ela é sagrada, e devem ensinar às suas crianças que ela é sagrada e que cada reflexo nas águas límpidas dos lagos fala de acontecimentos e lembranças da vida do meu povo.

O murmúrio das águas é a voz de meus ancestrais.

Os rios são nossos irmãos, saciam a nossa sede.

Os rios carregam nossas canoas e alimentam nossas crianças. Se lhes vendermos nossa terra, vocês devem lembrar e ensinar aos seus filhos que os rios são nossos irmãos, e seus também. E, portanto, vocês devem dar aos rios a bondade que dedicariam a qualquer irmão.

Sabemos que o homem branco não compreende nossos costumes.

Uma porção da terra, para ele, tem o mesmo significado que qualquer outra, pois é um forasteiro que vem à noite e extrai da terra aquilo de que necessita.

A terra não é sua irmã, mas sua inimiga, e quando ele a conquista, prossegue seu caminho.

Deixa para trás os túmulos de seus antepassados e não se incomoda. Rapta da terra aquilo que seria de seus filhos e não se importa. A sepultura de seu pai e os direitos de seus filhos são esquecidos.

Trata sua mãe, a terra, e seu irmão, o céu, como coisas que possam ser compradas, saqueadas, vendidas como carneiros ou enfeites coloridos. Seu apetite devorará a terra, deixando somente um deserto.

Eu não sei, nossos costumes são diferentes dos seus. A visão de suas cidades fere os olhos do homem vermelho. Talvez seja porque o homem vermelho é um selvagem e não compreenda.

Não há um lugar quieto nas cidades do homem branco.

Nenhum lugar onde se possa ouvir o desabrochar de flores na primavera ou o bater das asas de um inseto. Mas talvez seja porque eu sou um selvagem e não compreenda. O ruído parece somente insultar os ouvidos.

E o que resta da vida se o homem não pode ouvir o choro solitário de uma ave ou debate dos sapos ao redor de uma lagoa à noite?

Eu sou um homem vermelho e não compreendo.

O índio prefere o suave murmúrio do vento encrespando a face do lago, e o próprio vento, limpo por uma chuva diurna ou perfumado pelos pinheiros.

O ar é precioso para o homem vermelho, pois todas as coisas compartilham o mesmo sopro - o animal, a árvore, o homem, todos compartilham o mesmo sopro.

Parece que o homem branco não sente o ar que respira. Como um homem agonizante, há vários dias, é insensível ao mau cheiro?

Mas se vendermos nossa terra ao homem branco, ele deve lembrar que o ar é precioso para nós, que o ar compartilha seu espírito com toda a vida que mantém. O vento que deu a nosso avô seu primeiro inspirar também recebe seu último suspiro.

Se lhes vendermos nossa terra, vocês devem mantê-la intacta e sagrada, como um lugar onde até mesmo o homem branco possa ir saborear o vento açucarado pelas flores dos prados.

Portanto, vamos meditar sobre sua oferta de comprar nossa terra. Se decidirmos aceitar, imporei uma condição: o homem branco deve tratar os animais desta terra como seus irmãos.

Sou um selvagem e não compreendo qualquer outra forma de agir. Vi um milhar de búfalos apodrecendo na planície, abandonados pelo homem branco que os alvejou de um trem ao passar.

Eu sou um selvagem e não compreendo como é que o fumegante cavalo de ferro pode ser mais importante que o búfalo, que sacrificamos somente para permanecer vivos.

O que é o homem sem os animais? Se todos os animais se fossem, o homem morreria de uma grande solidão de espírito. Pois o que ocorre com os animais, breve acontece com o homem. Há uma ligação em tudo.

Vocês devem ensinar às suas crianças que o solo a seus pés é a cinza de nossos avós. Para que respeitem a terra, digam aos seus filhos que ela foi enriquecida com as vidas de nosso povo. Ensinem às suas crianças o que ensinamos às nossas, que a terra é nossa mãe. Tudo o que acontecer a terra, acontecerá aos filhos da terra. Se os homens cospem no solo, estão cuspindo em si mesmos.

Isto sabemos: a terra não pertence ao homem; o homem pertence à terra. Isto sabemos: todas as coisas estão ligadas como o sangue que une uma família.

Há uma ligação em tudo.

O que ocorrer com a terra recairá sobre os filhos da terra. O homem não tramou o tecido da vida; ele é simplesmente um de seus fios. Tudo o que fizer ao tecido, fará a si mesmo.

Mesmo o homem branco, cujo Deus caminha e fala com ele de amigo para amigo, não pode estar isento do destino comum. É possível que sejamos irmãos, apesar de tudo. Veremos.

De uma coisa estamos certos - e o homem branco poderá vir a descobrir um dia: nosso Deus é o mesmo Deus. Vocês podem pensar que o possuem, como desejam possuir nossa terra; mas não é possível. Ele é o Deus do homem, e sua compaixão é igual para o homem vermelho e para o homem branco. A terra lhe é preciosa, e feri-la é desprezar seu criador. Os brancos também passarão; talvez mais cedo que todas as outras tribos.

Contaminem suas camas, e uma noite serão sufocados pelos próprios dejetos.

Mas quando de sua desaparição, vocês brilharão intensamente, iluminados pela força do Deus que os trouxe a esta terra e por alguma razão especial lhes deu o domínio sobre a terra e sobre o homem vermelho.

Esse destino é um mistério para nós, pois não compreendemos que todos os búfalos sejam exterminados, os cavalos bravios sejam todos domados, os recantos secretos da floresta densa impregnados do cheiro de muitos homens e a visão dos morros obstruída por fios que falam. Onde está o arvoredo? Desapareceu. Onde está a águia? Desapareceu. É o final da vida e o início da sobrevivência."

Fonte: LOPES, Sônia. *Bio 3*. São Paulo, Saraiva, s/d. (Introdução ao capítulo Ecologia)

Humanidade e Cidadania

Na verdade, a cidadania é algo que precisamos conquistar. A certeza de que todos temos direito à vida (à uma vida saudável) no sentido mais pleno gera em nós uma força capaz de nos fazer indignar contra a injustiça e a opressão. É essa força que nos ajuda a construir a realidade que desejamos.

A cidadania acontece na forma com que nos relacionamos diariamente com as pessoas, na preservação do meio ambiente e na construção de uma sociedade mais justa e mais fraterna.

Todo gesto de cidadania é um gesto de cuidado com a vida; é um gesto de educação ambiental.

Educação ambiental é fundamentalmente uma pedagogia de ação. Não bata se tornar mais consciente dos problemas ambientais, sem se tornar também mais ativo, crítico e participativo.

Em outras palavras, o nosso comportamento em relação ao meio ambiente está profundamente conectado ao exercício da nossa humanidade e cidadania.

Temos o direito de sonhar com o mundo que queremos para nós e para os nossos filhos. Podemos auxiliar na construção deste mundo melhor. Utilizando nossos talentos e nossa criatividade, temos a possibilidade de no presente apresentarmos alternativas benéficas para transformarmos a realidade.

"A cidadania gera respeito. O respeito gera a paz.
Ser cidadão é respeitar para ter paz.
Ter paz para ser livre, criativo, saudável e feliz"

Capítulo 2

E o Futuro do Planeta, Tem jeito?

“Terra !, és o mais bonito dos planetas
tão te maltratando por dinheiro
Tu que és a nave nossa irmã
Canta!, leva a tua vida em harmonia
E nos alimenta com seus frutos
Tu que és do homem a maçã
Vamos precisar de todo mundo
Um mais um é sempre mais que dois
Prá melhor juntar as nossas forças
É só repartir melhor o pão
É criar o paraíso agora
para merecer quem vem depois.”

O Sal da Terra - Beto Guedes

SEGURANÇA ▪ CRIATIVIDADE ▪ VISÃO
CONSTRUÇÃO ▪ INICIATIVA ▪ CONFIANÇA ▪ PAZ

Tem sim senhor !!!

Por que não dá mais para vivermos:

- Como se os seres humanos e as nações fossem independentes e desconectados e não surgissem e evoluíssem juntos.
- Como se pudéssemos agredir o meio ambiente sem agredirmos a nós mesmos.
- Como se houvesse um fundo inesgotável de recursos a extrair e um buraco enorme, bem distante na qual podemos atirar nossos resíduos.
- Como se a nossa existência econômica fosse independente dos processos de sustentação do planeta.
- Como se o desenvolvimento econômico fosse um processo mecânico independente das necessidades e do saber das pessoas.
- Como se um grupo soubesse como "desenvolver" outro grupo.
- Como se as necessidades materiais fossem as únicas que temos e não tivéssemos necessidades afetivas e espirituais; necessidade de um ambiente saudável, necessidade de expressar e comunicar, necessidade de colaborar, necessidade de paz entre outras.
- Como se não estivéssemos vendo o que está acontecendo ao nosso redor e com o nosso planeta.

Novas Possibilidades de Desenvolvimento: Sustentável

Tudo está conectado com tudo. Feche os olhos e respire. Cada vez que inspiramos, uma parte do ambiente torna-se parte da gente e uma parte da gente torna-se parte do ambiente.

O que é mesmo desenvolvimento sustentável?

A definição mais aceita para desenvolvimento sustentável é o desenvolvimento capaz de suprir as necessidades da geração atual, sem comprometer a capacidade de atender as necessidades das futuras gerações.

É o desenvolvimento que não esgota os recursos para o futuro. Essa definição surgiu na Comissão Mundial sobre Meio Ambiente e Desenvolvimento, criada pelas Nações Unidas para discutir e propor meios de harmonizar dois objetivos: o desenvolvimento econômico e a conservação ambiental.

O que é preciso fazer para alcançar o desenvolvimento sustentável?

Para ser alcançado, o desenvolvimento sustentável depende de planejamento e do reconhecimento de que os recursos naturais são finitos. Esse conceito representou uma nova forma de desenvolvimento econômico, que leva em conta o meio ambiente.

Muitas vezes, desenvolvimento é confundido com crescimento econômico, que depende do consumo crescente de energia e recursos naturais.

Esse tipo de desenvolvimento tende a ser insustentável, pois leva ao esgotamento dos recursos naturais dos quais a humanidade depende.

Atividades econômicas podem ser encorajadas em detrimento da base de recursos naturais dos países. A existência humana, a diversidade biológica e o próprio crescimento econômico dependem dos recursos naturais.

O desenvolvimento sustentável sugere, de fato, qualidade em vez de quantidade, com a redução do uso de matérias-primas e produtos e o aumento da reutilização e da reciclagem.

Os modelos de desenvolvimento dos países industrializados devem ser seguidos?

O desenvolvimento econômico é vital para os países mais pobres, mas o caminho a seguir não pode ser o mesmo adotado pelos países industrializados. Mesmo porque não seria possível.

Caso as sociedades do Hemisfério Sul copiassem os padrões das sociedades do Norte, a quantidade de combustíveis fósseis consumida atualmente aumentaria 10 vezes e a de recursos minerais, 200 vezes.

Ao invés de aumentar os níveis de consumo dos países em desenvolvimento, é preciso reduzir os níveis observados nos países industrializados.

Os crescimentos econômico e populacional das últimas décadas têm sido marcados por disparidades.

Embora os países do Hemisfério Norte possuam apenas um quinto da população do planeta, eles detêm quatro quintos dos rendimentos mundiais e consomem 70% da energia, 75% dos metais e 85% da produção de madeira mundial.

Conta-se que Mahatma Gandhi, ao ser perguntado se, depois da independência, a Índia perseguiria o estilo de vida britânico, teria respondido: "...a Grã-Bretanha precisou de metade dos recursos do planeta para alcançar sua prosperidade; quantos planetas não seriam necessários para que um país como a Índia alcançasse o mesmo patamar?"

A sabedoria de Gandhi indicava que os modelos de desenvolvimento precisam mudar. Os estilos de vida das nações ricas e a economia mundial devem ser reestruturados para levar em consideração o meio ambiente.

Resumo

- Desenvolvimento e crescimento econômico não são a mesma coisa.
- O crescimento econômico é *necessário*, mas não é *suficiente* para promover o desenvolvimento.

Promover o Desenvolvimento Sustentável significa:

- melhorar a vida das pessoas (desenvolvimento humano);
- melhorar a vida de todas as pessoas (desenvolvimento social);
- melhorar a vida das pessoas que estão vivas hoje e das que viverão amanhã (desenvolvimento sustentável).

Somos diferentes: Ainda bem...

A verdadeira harmonia é composição diversidades que se complementam. Exemplos:

1. Um solo rico em diversos tipos de nutrientes - microorganismos e matéria orgânica – pode acionar inimigos naturais para combater os produtores de doenças e pragas. Há inúmeros caminhos para absorver e reter água, é possível produzir o organismo certo para liberar nutrientes a partir de qualquer forma de matéria orgânica. Há possibilidades deste solo resistir à erosão. Porém um solo quase morto, pobre em espécies, não pode ter este tipo de reação e vai se tornando cada vez mais estéril e facilmente predisposto à erosão.

2. Uma floresta ou o próprio mar dispõem de muitas espécies interdependentes e mantém uma rede bem consistente com muitos elos encadeados. Assim, se uma espécie diminui em número, seus predadores poderão encontrar outra com que se alimentar, até que aquela espécie se recupere. O aumento repentino de um nutriente causará um aumento na população que comem esse nutriente, o que vai trazer o nutriente de volta ao equilíbrio.

3. Nos negócios humanos também a diversidade pode aumentar a estabilidade. Quanto mais idéias, mais caminhos diferentes para fazer as coisas, mais diversificação dos recursos usados e produtos produzidos; a economia fica mais estável, mais interessante, vigorosa e inovadora.

A diversidade faz a riqueza da vida e a harmonia traz vida a diversidade. Assim, na natureza, tudo se compõe e nada se repete. É a magnífica originalidade da criação. Harmonizar não é padronizar e sim compreender. Compreender e respeitar as diferenças é exercitar nossa humanidade.

Viva a Diversidade!!!

Viva a Justiça!!!

Viva a Convivência Harmônica!!!

Viva o Respeito!!!

Viva a Vida!!!!

- A noção contemporânea de diversidade como um valor nas relações humanas é resultado da busca de oportunidades iguais e de respeito à dignidade de todas as pessoas.
- Assim, a diversidade representa um princípio básico de cidadania, que visa assegurar a cada um, condições de pleno desenvolvimento de seus talentos e potencialidades.
- Ao mesmo tempo, a prática da diversidade representa a efetivação do direito à diferença, criando condições e ambientes em que as pessoas possam agir em conformidade com seus valores individuais.
- A valorização da diversidade e do pluralismo no mundo contemporâneo é decorrência do reconhecimento cada vez maior da democracia como fator essencial para o aprimoramento das sociedades e da busca de novos padrões de convivência assentada em relações socialmente mais justas.

"Não é possível dizer-te sempre coisas novas, nem te é necessário ouvi-las. O que importa é que sejas sempre novo, que te desprendas cada dia do homem-velho, e que a cada dia tornes a nascer, a crescer e a progredir"

Santo Agostinho

A Diversidade Fortalece!!!

Afinal, somos todos iguais ou somos todos diferentes? A resposta é simples: somos todos diversos!

A diversidade é uma grande riqueza dos seres humanos. No mundo inteiro tem gente de várias raças, etnias, modos de expressão, preferências, orientações sexuais, gêneros, culturas, enfim, uma infinita gama de diferenças.

O problema é que a gente às vezes fica com medo do que é diferente ou desconhecido. E, por causa desse medo, acabamos gerando violência, desigualdades e exclusão. Vemos hoje em dia povos lutando somente porque têm opções religiosas diferentes ou pessoas sem emprego por causa da cor da sua pele.

Devemos valorizar e procurar a diversidade em todas as situações da nossa vida. Poderia ser muito mais fácil viver num mundo só com gente parecida com a gente. Mas já imaginou que chato seria? Sempre as mesmas conversas, as mesmas idéias.

Ao invés disso, vamos promover a tolerância e o respeito às diferenças. Se fizermos isso daremos um passo muito importante para substituir uma "cultura de guerra" por uma "cultura de paz'.

Fonte: Akatu.net

A diversidade faz a riqueza da vida e a harmonia traz vida a diversidade. Assim, a natureza, tudo se compõe e nada se repete. É a magnífica originalidade da criação.

Responsabilidade Social nas Empresas

O que é Responsabilidade Social?

Responsabilidade Social é uma forma de conduzir os negócios da empresa de tal maneira que a torna parceira e co-responsável pelo desenvolvimento social. A empresa socialmente responsável é aquela que possui a capacidade de ouvir os interesses das diferentes partes (acionistas, funcionários, prestadores de serviço, fornecedores, consumidores, comunidade, governo e meio-ambiente) e conseguir incorporá-los no planejamento de suas atividades, buscando atender às demandas de todos e não apenas dos acionistas ou proprietários.

Qual a diferença entre Responsabilidade Social e Filantropia?

A Filantropia trata basicamente de ação social externa da empresa, tendo como beneficiário principal a comunidade em suas diversas formas (conselhos comunitários, organizações não governamentais, associações comunitárias etc.) e organização. A Responsabilidade Social foca a cadeia de negócios da empresa e engloba preocupações com um público maior (acionistas, funcionários, prestadores de serviço, fornecedores, consumidores, comunidade, governo e meio-ambiente), cujas demandas e necessidades a empresa deve buscar entender e incorporar em seus negócios. Assim, a Responsabilidade Social trata diretamente dos negócios da empresa e como ela os conduz.

Como a Ética se relaciona com Responsabilidade Social?

Ética é a base da Responsabilidade Social e se expressa através dos princípios e valores adotados pela organização. Não há Responsabilidade Social sem ética nos negócios.

Não adianta uma empresa, por um lado pagar mal seus funcionários, corromper a área de compras de seus clientes, pagar propinas à fiscais do governo e, por outro, desenvolver programas junto a entidades sociais da comunidade. Essa postura não condiz com uma empresa que quer trilhar um caminho de Responsabilidade Social. É importante seguir uma linha de coerência entre ação e discurso.

Quais são as vantagens da empresa que adota políticas e práticas de Responsabilidade Social?

A prática demonstra que um programa de Responsabilidade Social só traz resultados positivos para a sociedade, e para a empresa, se for realizada de forma autêntica. A empresa precisa ter a cultura da responsabilidade social incorporada ao seu pensamento.

Desenvolver programas sociais apenas para divulgar a empresa, ou como forma compensatória, não traz resultados positivos sustentáveis ao longo do tempo. Porém, para aquelas empresas que incorporarem os princípios e os aplicarem corretamente, alguns resultados podem ser sentidos, como a valorização da imagem institucional e da marca, maior lealdade do consumidor, maior capacidade de recrutar e manter talentos, flexibilidade e capacidade de adaptação e longevidade.

Em quais áreas a empresa pode desenvolver projetos de Responsabilidade Social?

Em diversas áreas, com diversos públicos e de diferentes maneiras. Com cada um dos parceiros (acionistas, funcionários, prestadores de serviço, fornecedores, consumidores, comunidade, governo e meio-ambiente) a empresa pode desenvolver atividades criativas. Entre as opções estão:

1. Incorporação dos conceitos de Responsabilidade Social na missão da empresa,
2. Divulgação deste conceito entre os funcionários e prestadores de serviço,
3. Estabelecimento de princípios ambientalistas como uso de materiais reciclados
4. Promoção da diversidade no local de trabalho.

Texto extraído a partir do site www.ethos.org.br

Consumidor nota ação social das empresas

Não basta ter produto de qualidade e boa propaganda. O consumidor brasileiro, que se tornou mais exigente nos últimos anos, também leva em conta, na hora da compra, a questão ética das empresas. Pelo menos é o que mostra o terceiro levantamento realizado pelo Instituto Ethos com 1.002 entrevistados, entre 18 e 74 anos, em dez regiões metropolitanas.

Segundo a pesquisa, o apoio a atividades comunitárias e a contratação de deficientes físicos aparecem como fatores que motivariam mais os consumidores a comprar os produtos de uma empresa. Os dois itens foram citados por mais de 40% dos entrevistados.

Em seguida, com quase 30%, os consumidores apontaram como estimulantes na hora de comprar um produto as ações das empresas ligadas à área de educação (programas de alfabetização para funcionários, aprendizagem para jovens e campanhas educacionais na comunidade).

"A pesquisa mostra que não adianta as empresas investirem em projetos sociais sem desenvolver atividades para os seus funcionários", afirma o diretor-presidente do Instituto Ethos de Empresas e Responsabilidade Social, Oded Grajew. Ele lembra que, para os consumidores, também é importante que a empresa invista na conservação ambiental de áreas públicas, em eventos culturais, em serviços de atendimento ao consumidor de qualidade, entre outros fatores.

O levantamento do Instituto Ethos aponta que o comportamento ético ou social das empresas vem sendo cada vez mais discutido pelos consumidores: 31% dos homens e 33% das mulheres disseram que discutem algumas vezes sobre a ética das empresas.

A pesquisa também levantou quais as principais restrições que levam o consumidor a deixar de comprar o produto de uma empresa. Para 43% dos entrevistados é inaceitável a veiculação de propaganda enganosa. "O consumidor quer ser tratado com respeito. Isso serve de alerta para as empresas", diz o diretor-presidente do Instituto Ethos.

Na opinião de Grajew, o consumidor está cada vez mais atento ao marketing desenvolvido pelas empresas, e não se deixa levar apenas por uma campanha tecnicamente bem produzida. "Como hoje existem várias empresas que produzem produtos muito parecidos, ficou mais acirrada a disputa por novos consumidores. Na hora de escolher, os projetos de responsabilidade social desenvolvidos pelas empresas estão sendo analisados", afirma.

O peso da responsabilidade social no momento do consumo ainda é pequeno no Brasil, se comparado aos índices de outros países.

No Brasil, 16% dos consumidores entrevistados pelo Ethos disseram que prestigiam uma empresa que consideram socialmente responsável, comprando seus produtos ou falando bem da empresa, percentual similar ao de países como México, África do Sul e Venezuela. Em outros, como Austrália e Estados Unidos, o índice ultrapassa 50%.

Capítulo 3

Reciclando Idéias

"Pelo avesso, o lixo é a expressão de uma cidade. Não de sua alma, por certo, mas de seu corpo, daquilo que o reveste por fora e por dentro. É o sintoma de uma cidade, da mesma forma que o produto interno bruto de uma nação ou a renda per capita de um cidadão. O dejeto reflete o padrão econômico, social e cultural de uma cidade. Por isso difere tanto o lixo de Salvador, de New York e de São Paulo. O lixo é problema urbano prioritário e, do ponto de vista político, virou atestado para o governante. Cidade limpa não é apenas cidade civilizada, mas imagem do seu povo e dos seus representantes políticos. O lixo é paradoxal: dá uma idéia de pobreza, embora seja a expressão evidente da riqueza."

Jorge da Cunha Lima

BEM ESTAR ■ SATISFAÇÃO ■ CONFORTO
QUALIDADE ■ RENOVAÇÃO ■ OPORTUNIDADES ■ SUCESSO

O Lixo não é Lixo

Lixo não existe. O que chamamos de lixo nada mais é que matéria prima misturada e fora do lugar.

Jogamos muita coisa fora, em um lugar distante, como se bastasse colocar nosso lixo longe dos nossos olhos para ele não nos incomodar. Como se "jogar lá fora" eliminasse o problema...

Não existe "jogar lá fora" dentro do planeta terra.

Lá no fundo do quintal, ou em um terreno baldio distante pode ser fora da nossa casa ou do nosso bairro, mas é dentro do nosso planeta Terra.

Os resíduos que chamamos de "lixo" separados e - muito importante - limpos, deixam de ser chamados de lixo e voltam a ser recursos naturais, matérias primas.

Teoricamente, Lixo é basicamente todo e qualquer resíduo sólido proveniente das atividades humanas ou gerado pela natureza em aglomerações urbanas. No entanto, o conceito mais atual é o de que o LIXO é aquilo que ninguém quer ou que não tem valor comercial. Neste caso, pouca coisa jogada fora pode ser chamada de LIXO.

É importante lembrar que o LIXO gerado por nós é apenas uma pequena parte da "montanha" gerada todos os dias, composta também por resíduos industriais, de construção civil, de mineração, da agricultura e outros.

O que não podemos ignorar é que o que entendemos por LIXO precisa ser devidamente separado e coletado, reaproveitado ou reciclado antes de ser definitivamente descartado.

Classificação e Tipos

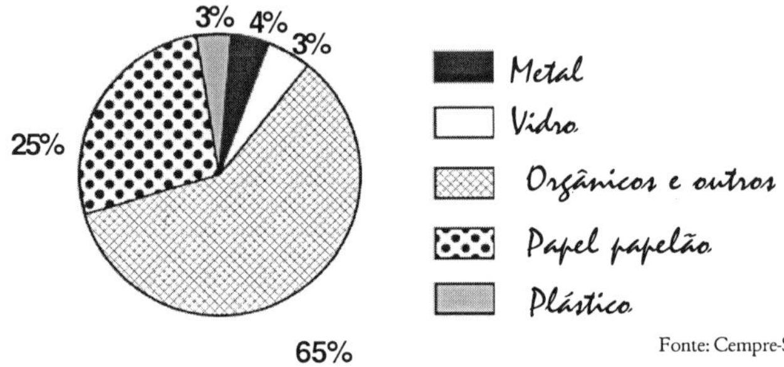

Fonte: Cempre-SP

Composição do lixo urbano no Brasil

O lixo pode ser classificado dessa maneira:

- **Combustíveis** - Materiais que alimentam o fogo, tais como, panos, couros, papel, madeira, etc...
- **Incombustíveis** - Materiais que não alimentam o fogo, tais como vidros, louças, pedras, metais. etc...
- **Putrescíveis (materiais que apodrecem)** - Restos de alimentos, fezes, fósseis, resíduos vegetais.

Tipos de Lixo:

Existem diversas formas de classificar o lixo: por sua natureza física (seco ou molhado), sua composição química (matéria orgânica ou inorgânica) ou pelos riscos potenciais ao meio ambiente (perigosos, não-inertes e inertes).

Também pode ser classificado de acordo com a sua origem, ou seja, onde ele é produzido:

1. **Lixo doméstico ou domiciliar:** É o resíduo que geramos em casa e nas escolas. São restos de alimentos, frascos de plásticos, potes de vidros, embalagens de papéis e papelões, longa vida, pilhas, lâmpadas, solventes, etc.

2. **Lixo industrial:** É todo tipo de lixo gerado em uma indústria e depende do tipo de indústria (metalúrgica, química, papeleira, etc). Alguns exemplos: óleos, graxas, lodos, serragem, borra de tinta, entre outros. Nesta categoria, inclui-se a grande maioria do lixo considerado tóxico.

3. **Lixo de serviços de saúde:** São os restos gerados nos hospitais, postos médicos e dentários, farmácias, clínicas veterinárias, etc. É composto por resíduos infectantes ou potencialmente infectantes como seringas, luvas e agulhas descartáveis, curativos, restos de sala de cirurgias, etc. Há também os resíduos assépticos (não infectantes) que são os papéis, restos de preparo de alimentos, embalagens de produtos de limpeza, entre outros (que podem ser encaminhados para a reciclagem).

4. **Lixo comercial:** É o lixo gerado nas lojas, restaurantes, bares, escritórios, etc. Esses lixos apresentam muito papel, embalagens diversas e resíduos de higiene pessoal tais como papel higiênico e papel toalha.

5. **Lixo público:** Originado nos serviços de limpeza urbana, tais como varrições de ruas e avenidas, limpeza de praias, córregos e terrenos, podas de árvores.

6. **Lixo agrícola:** São os resíduos das atividades agrícolas e da pecuária. São embalagens de defensivos agrícolas e fertilizantes, restos de rações e colheitas, etc. As embalagens de agroquímicos, que geralmente são altamente tóxicos, devem ter sua disposição final em depósitos apropriados a fim de não causarem impactos ambientais, tais como a poluição do solo e do lençol freático.

7. **Entulho:** Restos da construção civil, reformas de casas, demolições, solos de escavações diversas. Geralmente é composto de materiais inertes mas podem conter resíduos perigosos como restos de tintas e solventes.

O Lixo enquanto Matéria Orgânica e Inorgânica:

- É considerada matéria orgânica todos os corpos que contêm carbono e hidrogênio predominantemente em sua constituição. Mas há matéria orgânica que é biodegradável e a não-biodegradável.
- Biodegradável: tudo aquilo passível de ser decomposto naturalmente por microrganismos. Assim, madeira, frutas, folhas, flores, sementes, sobras de comida, papel, são materiais orgânicos.
- O plástico é orgânico, mas não é biodegradável.
- O vidro e o metal não são orgânicos, nem biodegradáveis. São inorgânicos. Não são decompostos por microrganismos.

Para onde vai o "Lixo"?

O Brasil produz 241.614 toneladas de lixo por dia. Nos municípios:

- 76% são depositados a céu aberto em lixões
- 13% em aterros controlados
- 10% em aterros sanitários
- 0,9% compostados em usinas
- 0,1% incinerados

O que são lixões?

Infelizmente em nosso país, uma das formas mais utilizadas na destinação dos resíduos sólidos é o depósito a céu aberto, ou os chamados lixões.

Problemas relacionados ao "lixão":

- Atrai vetores e transmissores de doenças, como : ratos, baratas, moscas, mosquitos, etc.
- Provoca deslizamentos de terras.
- Causa o entupimento de bocas de lobo e de redes de esgotos, que acabam provocando inundações.
- Atrai catadores, que podem contrair doenças tornando-se transmissores das mesmas.
- Provoca poluição visual, do solo e do ar.
- Provoca poluição dos lençóis freáticos (lençóis subterrâneos de água) através do "chorume" (líquido resultante da decomposição dos resíduos).

O que são aterros sanitários?

São locais onde o lixo é depositado permitindo mantê-lo confinado sem causar maiores danos ao meio ambiente. É um método em que o lixo é comprimido através de máquinas que diminuem seu volume.

Com o trabalho do trator, o lixo é empurrado, espalhado e amassado sobre o solo (compactação), sendo posteriormente coberto pôr uma camada de areia, minimizando odores, evitando incêndios e impedindo a proliferação de insetos e roedores.

A compactação tem como objetivo reduzir a área disponível prolongando a vida útil do aterro, ao mesmo tempo em que permite a firmeza do terreno possibilitando seu uso futuro para outros fins. A distância mínima de um aterro sanitário para um curso de água deve ser de 400m.

Os resíduos gerados por nossas atividades podem seguir outros caminhos além dos lixões ou aterros sanitários:

Aterro controlado

Esse método utiliza alguns princípios de engenharia para confinar os resíduos sólidos, cobrindo-os com uma camada de material inerte na conclusão de cada jornada de trabalho.

Esta forma de disposição produz poluição localizada. Geralmente não dispõe de impermeabilização de base (comprometendo a qualidade das águas subterrâneas), nem de sistema de tratamento do biogás gerado.

Este método é preferível ao lixão, mas devido aos problemas ambientais que causa e seus custos operacionais, é de qualidade bastante inferior ao aterro sanitário.

Aterro de inertes

Esse aterro recebe principalmente os resíduos da construção civil. Os restos de entulho que sobram das construções e reformas devem ser acondicionados neste aterro especial, uma vez que esse tipo de resíduo não é biodegradável.

Como se gera uma grande quantidade de entulho, geralmente acima de 50 quilos, a responsabilidade pelo transporte e destino final do mesmo compete ao gerador. É por isso que quando se reforma uma casa, precisa-se contratar empresas especializadas para se retirar os entulhos.

Hoje em dia, já existem formas de reciclar o entulho e produzir vários produtos.

Aterro industrial

Este aterro é preparado especialmente para receber materiais e substâncias perigosas para a saúde humana e para o meio ambiente.

Tintas, colas, solventes, metais pesados, etc., devem ser cuidadosamente transportados até este aterro, que é controlado segundo normas de engenharia e vigilância sanitária.

Incineração

Esse método consiste na queima dos resíduos, principalmente daqueles que oferecem algum risco à saúde humana, como restos do lixo hospitalar infectante, animais mortos, etc.

A sua vantagem é que reduz bastante o volume do lixo, sendo que o que sobra da queima tem que ser disposto no aterro sanitário. Uma outra vantagem é que se pode reaproveitar a energia proveniente do calor da queima. O Japão, por ter um território pequeno, incinera uma grande quantidade de resíduos, aproveitando esta forma de tratamento do lixo como fonte de energia.

No entanto, a incineração é um processo caro, requer manutenção constante e específica.

Só se indica fazer uso deste método para resíduos com riscos de infecção e em regiões metropolitanas densamente habitadas. Mesmo assim, é fundamental observar todos os cuidados necessários para não poluir o meio ambiente nem causar mal à população.

Usinas de Compostagem

São os locais onde se produz o adubo *proveniente da compostagem* - o composto.

A compostagem é uma forma de reaproveitar a matéria orgânica que existe no nosso lixo e transformá-la em um adubo natural, ou seja, sem fertilizantes ou outras substâncias químicas.

Para o melhor aproveitamento da matéria orgânica, há uma triagem de materiais antes de iniciar o processo de compostar, separando os recicláveis do orgânico.

A vantagem é o reaproveitamento da maior parte do lixo que descartamos. Aproximadamente 50% de tudo o que o Brasil chega a jogar fora é lixo orgânico (restos de alimentos).

Desvantagem? Bem, só é preciso estar sempre revolvendo o monte, para não atrair moscas, baratas e outros bichos. A solução para isso, é tomar cuidado com a quantidade de umidade do monte e mexer sempre para facilitar a entrada de oxigênio.

Importante

A Prefeitura é responsável pela disposição final do lixo Domiciliar, Público e Comercial. Já para as outras categorias - Serviços de Saúde, Industrial, Agrícola e Entulho -, a responsabilidade é do gerador (indústrias, hospitais, construtoras, etc).

No caso do Lixo Comercial, a Prefeitura só é responsável por pequenas quantidades, normalmente inferiores a 50 kg.

Reduzir, Reutilizar e Reciclar

Uma mudança de atitude

Quando se fala em tratamento do lixo não estamos falando apenas do lixo após ele ter sido produzido. Esse tratamento começa muito antes, baseado sobretudo numa atitude protetora e econômica daquilo que a Natureza tem para nos oferecer e proporcionar.

Assim, foi "criado" um instrumento de conduta que descreve os procedimentos no antes e após de produzirmos lixo, a que se chamou "Política dos 3 R's". É constituída pelos seguintes pontos:

- **REDUZIR**
- **REUTILIZAR**
- **RECICLAR**

Reduzir

Se cada pessoa produz cerca de 1kg de lixo por dia, imagine em um ano e imagine a produção de uma cidade inteira. Diminuir o desperdício e comprar só o que realmente for preciso é dever de cada um de nós.

- Evite o excesso de embalagens.
- Economize água tomando banhos mais rápidos e fechando a torneira enquanto escova os dentes ou faz a barba.
- Apague a luz ao sair do recinto.
- Coloque no prato só o que for comer.

Reutilizar

Hoje tudo o que nós compramos vem através de embalagens coloridas e muitas delas podem e devem ser reutilizadas.

Roupas e objetos diversos que não usamos mais também podem ser reutilizados por outras pessoas.

Antes de jogar fora ou encaminhar para a reciclagem, lembre-se que para outros esse material ainda pode servir muito. Portanto, se você tiver roupas, brinquedos ou algum material que ainda possa ser reutilizado, encaminhe-os.
Esta campanha beneficiará escolas públicas e comunidades carentes.

E POR FIM...

Se você não puder reduzir nem reutilizar é hora de encaminhar os materiais para a **RECICLAGEM.**

Reciclar

Significa trazer de volta ao ciclo produtivo, materiais que seriam descartados como lixo, utilizando-os na produção de novos objetos.

Atualmente, tem crescido muito rapidamente o número de produtos que acabam virando lixo. Jogar fora pura e simplesmente às coisas que não usamos mais, não só polui o meio ambiente como desperdiça preciosas matérias-primas do planeta.

Porém, a reciclagem por si só, não é a solução para a problemática do lixo, ela precisa estar inserida em programas que abordem a questão do lixo dentro de um gerenciamento integrado.

Precisamos implementar a política dos 3 R's, ou seja, REDUZIR, REUTILIZAR E RECICLAR.

Entendendo a Reciclagem

Você sabe o que é reciclagem?

Reciclagem é um processo industrial ou artesanal de transformação de materiais usados em novos produtos. Uma vez reciclados, estes materiais podem ser encontrados em produtos como livros, concreto, bicicletas, lâmpadas fluorescentes e até casas.

Ou seja, ao invés desse material já usado ir parar no lixo, ele é reaproveitado como matéria-prima, para a produção de novas coisas. Isso acontece, por exemplo, quando a matéria orgânica - restos de alimentos, podas, cascas de frutas e legumes, aparas de grama, esterco de animais - é compostada e transformada em adubo, excelente para fertilizar a terra usada para plantio.

Os chamados materiais inorgânicos, como plástico, vidro, papel, papelão e metal são recicláveis. Por exemplo:

- As embalagens plásticas usadas podem originar novas embalagens.
- O papel e o papelão riscados ou rasgados podem ser transformados em novas folhas.
- Os metais, como as latinhas de alumínio, de cerveja e guaraná, podem dar origem a novas latinhas.

Reciclagem

Principais benefícios da reciclagem:

- Diminui a exploração de recursos naturais e o consumo de energia.
- Contribui para diminuir a poluição do solo, água e ar.
- Melhora a limpeza da cidade e a qualidade de vida da população.
- Reduz a necessidade de novas áreas para aterros sanitários.
- Prolonga a vida útil de aterros sanitários.
- Contribui para a diminuição da proliferação de insetos e roedores, responsáveis pela transmissão de várias doenças.
- Gera a possibilidade de mais trabalho e renda para todos os envolvidos como por exemplo às cooperativas de catadores.

Benefícios para as empresas:

- Estimula o desenvolvimento sustentável da economia e a criatividade, uma vez que produtos gerados a partir dos reciclados são comercializados em paralelo àqueles gerados a partir de matérias-primas virgens.
- Propicia economia de recursos com a redução de desperdícios.
- Garante uma maior organização melhoria no lay-out do local destinado à armazenagem dos resíduos.
- Gera a possibilidade de ganhos com a venda dos Resíduos.
- Marketing social.
- Auxílio indireto na geração de trabalho e renda e incentivo para as Micro e Pequenas empresas que trabalham com reciclagem e artesanato.
- Auxílio no exercício da cidadania e da consciência ecológica entre os colaboradores da empresa.

O processo da Reciclagem

A Reciclagem é um processo, e não uma fase.

O processo de Reciclagem é composto por três etapas muito distintas:

1. **Coleta e Separação** - onde o material reciclável é coletado, separado e acondicionado de maneira própria para ser enviado às indústrias de revalorização ou transformação
2. **Revalorização** - fase na qual o material que, anteriormente, foi separado passa por um processo industrial, adquirindo características semelhantes às que tinha antes de ser um produto, voltando a ser matéria prima.
3. **Transformação** - onde o material revalorizado anteriormente passa a ser um produto.

Quanto é reciclado no Brasil:

- Papel de Escritório 22%
- Papelão ou Papel Ondulado 72%
- Latas de Aço 40%
- Latas de Alumínio 78% !!!
- Vidro 42%
- Plástico Rígido 15%
- Plástico PET (garrafas de refrigerante) 26%

Dados de 2000 - Fonte: CEMPRE

Economia feita com a reciclagem:

- 1000Kg de papel reciclado = 20 árvores poupadas
- 1000Kg de vidro reciclado = 1300Kg de areia extraída poupada
- 1000Kg de plástico reciclado = milhares de litros de petróleo poupados
- 1000Kg de alumínio reciclado = 5000Kg de minérios extraídos poupados

Coleta Seletiva

Coleta Seletiva é a prática da separação dos resíduos como por exemplo papel, plástico e lixo comum. Este sistema facilita a reciclagem porque o material permanece limpo e com maior potencial de reaproveitamento.

O que você considera lixo? Algo que não presta mais? Que não serve pra nada? A maioria dos dicionários diz que lixo é exatamente isso, "algo que não serve para mais nada, sem valor, inútil". Alguns dicionários também associam lixo à idéia de sujeira, desordem, etc. Esse é o conceito geral que temos de lixo.

De uns tempos pra cá, no entanto, percebemos que nem tudo o que descartamos não tem mais valor.

Veja alguns exemplos de "lixo" que pode ser reciclado:

- Lata de refrigerante (zinco); lata de atum (alumínio); embalagem de detergente; caixinha de chá (papel); garrafa de vinho (vidro); pote de margarina (plástico); caixa de leite longa vida (tetrapak)

Todos esse objetos podem ser aproveitados novamente para fazer novos produtos. Isso significa que aquele vidro de maionese vazio, que antes ia para o lixo, tem um valor enorme: pode ser usado para fazer outro pote, economizando energia, matéria prima, recursos naturais e aumentando a vida útil dos aterros sanitários.

Lixo, agora, é RESÍDUO.

Resíduos são as sobras das nossas atividades, seja em casa, na escola ou na empresa. Uma grande parte destes resíduos podem ser reaproveitados no processo de produção de outras mercadorias.

Reciclando Papel

O papel foi inventado no ano 105 a.C. pelo Chinês T'sai Lun a partir de fibras vegetais diversas.

O vegetal era deixado submerso em água e depois batido para ter suas fibras soltas e dispersas na água, podendo assim, serem usadas na fabricação do papel.

Apesar de muita tecnologia ter sido incorporada ao processo de obtenção das fibras celulósicas, o processo de fabricação do papel continua sendo o mesmo, bem como sua matéria-prima básica, a *fibra de celulose.*

Atualmente a matéria-prima vegetal mais utilizada para a fabricação de papel é a madeira obtida em áreas de reflorestamento (na sua maioria, eucalipto e pinus).

Estas matérias-primas são hoje processadas química ou mecanicamente, ou por uma combinação dos dois métodos, gerando o que denominamos "pasta celulósica". A pasta celulósica também pode ser obtida através da reciclagem do papel.

Segundo o CEMPRE (Compromisso Empresarial para a Reciclagem), 22% do papel que circulou no País em 2000 retornou à produção através da reciclagem. A maior parte do papel destinado à reciclagem, cerca de 86%, é gerado por atividades comerciais e industriais.

O papel ondulado é o material que atualmente mais contém material reciclado no País. 72% do volume total de papel ondulado consumido no Brasil é reciclado.

Benefícios da reciclagem de papel

- Economia de recursos naturais como matéria-prima (madeira), energia e água: - 1 tonelada de papel reciclado evita o corte de 10 a 12 árvores.
- A fabricação de 1 tonelada de papel reciclado usa apenas 60% da energia necessária à fabricação da mesma quantidade de papel virgem.
- Com a utilização de aparas na fabricação de papel, reduz-se de 10 a 50 vezes a quantidade de água usada no processo com celulose virgem.

O ciclo da reciclagem do papel:

1. O papel usado é separado do lixo e vendido a sucateiros que o separam de acordo com o tipo;
2. Remove-se os objetos como clips, grampos e plásticos e o papel é arrumado em grandes pacotes chamados "fardos" que são enviados para as indústrias papeleiras;
3. Os fardos são cortados em tiras e carregados por uma esteira até um enorme tanque de água quente chamado "hidropulper", que corta e agita o papel até ele se transformar numa pasta de celulose;
4. A água é retirada da polpa por drenagem, eliminando-se também por esse processo impurezas como fibras ou arames;
5. Produtos químicos e corantes podem ser adicionados à polpa antes dela ser processada na máquina da fazer papel. Esses aditivos servem para dar a cor final ao papel ou para torná-lo lustroso, mais forte ou mais branco;
6. A polpa preparada é jogada sobre uma tela de arame que funciona como peneira. A água passa através das malhas deixando somente as fibras agregadas que se transformarão no papel;
7. A água deixada nas fibras é prensada e o papel é secado por meio de muitos rolos e pesados cilindros aquecidos a vapor;
8. A superfície do papel é alisada através de rolos de ferro;
9. O papel é enrolado em bobinas e está pronto para ser utilizado novamente.

PAPÉIS RECICLÁVEIS	PAPÉIS NÃO RECICLÁVEIS
• Papelão e caixas	• Etiquetas
• Jornais e revistas	• Papel carbono
• Folhas de caderno	• Fotografias
• Formulários de computador	• Papéis higiênicos
• Cartolinas e aparas de papel	• Papéis parafinados, metalizados, plastificados
• Rascunhos e envelopes	• Papéis e guardanapos engordurados
• Fotocópias (Xérox)	• Tocos de cigarro
• Impressos em geral	• Adesivos, fita crepe

Reciclando Vidro

O vidro é o resíduo sólido reciclável mais antigo existente. Diz a lenda que ele foi descoberto ocasionalmente por navegadores fenícios quando estes fizeram uma fogueira na praia: com o calor, a areia, o salitre e o calcário reagiram, formando o vidro. Industrialmente, é obtido pela fusão de compostos inorgânicos (areia, barrilha, calcário e feldspato) a altas temperaturas e pelo resfriamento da massa resultante.

Benefícios da reciclagem do Vidro:

- O vidro é 100% reciclável, não ocorrendo perda de material durante o processo de fusão, ou seja, com 1 Kg de vidro velho, se faz 1 Kg de vidro novo.
- Para cada tonelada de vidro reciclado, poupamos mais de uma tonelada de recursos (603 kg de areia, 196 kg de carbonato de sódio, 196 kg de calcário e 68 kg de feldspato).
- A reciclagem do vidro poupa de 25 a 32% da energia usada na produção do vidro.
- Diminuição do volume de lixo depositado em aterros.

42% das embalagens de vidro são recicladas no Brasil, somando 378 mil toneladas por ano. Desse total 5% são geradas por engarrafadores de bebidas, 10% por sucateiros e 0,6% provém das coletas promovidas por vidrarias. Os outros 12% representam refugos de vidro gerados nas fábricas, reaproveitados para compor novas embalagens.

No Brasil, o vidro corresponde a 3% dos resíduos urbanos.

Em São Paulo o peso do vidro no lixo corresponde a 1,5% do peso total.

O Ciclo da reciclagem do vidro:

1. O vidro é separado por cores, sendo o incolor, o de melhor qualidade.
2. O material é lavado em tanque com água que depois é tratada e recuperada.
3. O material passa por uma esteira destinada à catação de impurezas como restos de metais, plásticos ou vidros indesejáveis que não tenham sido retidos.
4. Um triturador transforma as embalagens em cacos de tamanho homogêneo que passam por uma peneira vibratória;
5. O material passa por um segundo eletroimã através de uma esteira a fim de retirar metais ainda existentes.
6. O vidro é armazenado para abastecimento da vidraria que utiliza o material na composição de novas embalagens.
7. Nas indústrias vidreiras os cacos são pesados e misturados com areia, pedra calcária e barilha.
8. A mistura é jogada dentro de um forno incandescente até ser fundida e transformada em "vidro líquido" que é despejado nas máquinas moldadoras.
9. Enquanto estão quentes, as embalagens são transferidas através de esteiras para uma câmara onde recebem um jato de ar quente para torná-las mais resistentes.
10. Depois de resfriadas e examinadas para ver se não houve a formação de bolhas de ar ou defeitos, estão prontas para serem novamente utilizadas.

VIDROS RECICLÁVEIS	VIDROS NÃO RECICLÁVEIS
• Tampas, Potes, Frascos	• Espelhos
• Garrafas	• Vidros planos, Vidros temperados
• Copos	• Cerâmicas e Louças
• Embalagens	• Lâmpadas

Reciclando Metal

O metal é composto por materiais obtidos a partir de minérios encontrados na natureza, e que passam por diversos processos até serem transformados em metal.

São caracterizados por elevada durabilidade, resistência mecânica e facilidade de conformação.

Quanto à sua composição, os metais são classificados em ferrosos (compostos basicamente de ferro e aço) e não-ferrosos (entre estes se destacam o alumínio, o cobre, o chumbo, o níquel e o zinco).

Existem dois processos de fabricação de metais: *o primário e o secundário.*

No processo *primário*, faz-se a extração do minério e depois sua redução ao estado metálico (feito a altas temperaturas com elevado consumo de energia).

No processo *secundário*, o metal é obtido basicamente da fusão do metal já usado, denominado sucata. Neste processo, o consumo de energia é bem menor.

Para que o processo de reciclagem tenha melhores resultados, e o produto resultante desse processo possa ser utilizado para fins mais nobres, a sucata deve estar livre de contaminantes como matéria orgânica ou terra, por exemplo.

Em 2000, o Brasil reciclou mais de 7,4 bilhões de latas de alumínio, que representa 111mil toneladas.

O material é recolhido e armazenado por uma rede de aproximadamente 2 mil sucateiros, responsáveis por 50% do suprimento de sucata de alumínio à indústria. Outra parte é recolhida por supermercados, escolas, empresas e entidades filantrópicas.

78% da produção nacional de latas são recicladas. Em 1999, o índice foi de 73%. Os números brasileiros superam países industrializados como Inglaterra e Alemanha. Os Estados Unidos recuperam 41%, a Argentina 51%, a Europa 63% e o Japão recicla 79% de suas latinhas.

Latinhas de Alumínio podem ser recicladas infinitas vezes sem perda de nenhuma de suas características.

Com a evolução desse processo já é possível que uma lata de bebida seja colocada na prateleira do supermercado, vendida, consumida, reciclada, transformada em nova lata, envasada, vendida e novamente exposta na prateleira em apenas 42 dias.

Um quilo (1 kg) de alumínio equivale a 70 latinhas.

Cada brasileiro consome em média 25 latinhas por ano, volume bem inferior ao norte-americano, que é de 375.

O Ciclo da reciclagem:

1. As latas são separadas por tipos, enfardadas e enviadas para as usinas de fundição;
2. Nas usinas, são submetidas a fornos de altas temperaturas, derretidas e transformadas em blocos (lingotes de alumínio ou tarugos de aço);
3. Os blocos são repassados aos fabricantes de vários setores industriais para novamente tomarem forma e serem utilizados.

Benefícios da reciclagem:

- Redução da energia gasta pelo processo primário na fase de transformação do minério para metal (Exemplo: a energia utilizada na reciclagem de latas de alumínio corresponde a apenas 5% da energia gasta durante a produção do alumínio a partir do minério. Isto significa que cada latinha reciclada economiza energia elétrica equivalente ao consumo de um aparelho de TV ligado durante 3 horas !!!!!).
- 1 tonelada de alumínio reciclado evita a extração de 5 toneladas de minério (o alumínio provém do beneficiamento da bauxita).
- O metal pode ser reciclado infinitas vezes sem perder suas propriedades.
- Redução do volume de materiais nos aterros prolongando sua vida útil.

METAIS RECICLÁVEIS	METAIS NÃO RECICLÁVEIS
• Tampas, Ferragens	• Clips, Grampos
• Latas de Aço, Latas de Alumínio	• Esponjas de Aço
• Canos	• Latas de Tinta em Geral, Pilhas

Reciclando Plástico

O plástico é fabricado a partir de resinas derivadas do petróleo, um recurso não-renovável, isso significa que não podemos mais fazer petróleo para substituir aquele que já usamos.

Devido à sua natureza química, o plástico apresenta grande resistência a biodegradação.

Quase 50 tipos de plásticos diferentes são usados para fazer coisas que utilizamos no dia-a-dia, como telefones, encanamentos e embalagens. No entanto, 90% do consumo é representado por 6 tipos: PET, PVC, PP, PEAD, PEBD e PS.

Devido à dificuldade de se diferenciar um tipo de plástico de outro, introduziu-se um sistema de codificação na embalagem do produto identificando a categoria em que se enquadra.
A presença de plásticos nos aterros sanitários dificulta o processo de decomposição da matéria orgânica.

Apesar de representarem cerca de 4 a 7% em massa, pois são muito leves, ocupam de 15 a 20% do volume do lixo.

Para se ter uma idéia, um caminhão com capacidade para transportar 12 toneladas de lixo comum, transportará apenas 6 a 7 toneladas de plástico compactado, ou 2 toneladas sem compactação !!!!!!

Esses símbolos são mostrados a seguir:

Polietileno Tereftalato (PET) - utilizado em garrafas descartáveis de refrigerantes, retornáveis, fribras sintéticas.

2

Polietileno de alta densidade (PEAD) - utilizado na confecção de engradados para bebidas, baldes, garrafas para álcool, garrafas para produtos químicos domésticos, líquidos e gás, tanques de combustível, filmes , etc.

3

Cloreto de polivinila (PVC) - utilizado em tubos e conexões para água, encapamentos de cabos elétricos, garrafas para água mineral e para detergentes líquidos, lonas, calçados, esquadrias e revestimentos, equipamentos médico-cirúrgicos, etc.

4

Polietileno de Baixa Densidade (PEBD) - Utilizado nas embalagens de alimentos, sacos industriais, sacos para lixo, lonas agrícolas, filmes, etc.

5

Polipropileno (PP) - Utilizado em embalagens para massas e biscoitos, potes para margarina, seringas descartáveis, equipamentos médico-cirúrgicos, fibras e fios têxteis, utilidades domésticas, autopeças, etc.

6

Poliestíreno (PS) - Utilizado na fabricação de aparelhos de som e TV, copos descartáveis para água e café, embalagens alimentícias, revestimento interno de geladeira, etc.

*Fonte: PLASTIVIDA (identificação dos plásticos)

Ciclo da reciclagem

A reciclagem do plástico pode ser feita por dois processos distintos: *com ou sem a separação das resinas.*

O processo sem a separação por tipo de resinas exige altos investimentos em equipamentos especiais, atualmente fabricados somente no exterior.

Devido a este quadro, somente algumas empresas brasileiras utilizam esse processo obtendo então, a "madeira plástica", usada na fabricação de bancos de jardim, mourão de cerca, tábuas e sarrafos, etc.

1. Os plásticos separados são enfardados e enviados às indústrias recicladoras;
2. As diferentes usinas recicladoras utilizam métodos diversos para separar os plásticos que ainda possam estar misturados, geralmente pela diferenciação de densidade (alguns plásticos flutuam na água e outros submergem);
3. Separados, os plásticos vão para esteiras onde serão triturados formando flocos do tamanho de um grão de milho;
4. Os flocos são lavados para remover a sujeira e depois secados por meio de secadores industriais;
5. Depois de secos, os flocos podem ser vendidos a indústrias produtoras de artefatos plásticos ou podem ser extrusados na própria usina, tomando assim novas formas para serem consumidos.

Benefícios da reciclagem:

- Economia de energia e petróleo. É possível economizar até 50% de energia com o uso de plástico reciclado
- Aceleração da decomposição da matéria orgânica nos aterros sanitários pois o plástico impermeabiliza as camadas de material biologicamente degradável, prejudicando a circulação de gases e líquidos
- Redução do volume de lixo depositados em aterros aumentando sua vida útil
- 1 tonelada de plástico reciclado evita a extração de 1000 litros de petróleo (segundo alguns estudos, estima-se que se continuarmos a usar petróleo no ritmo atual, as reservas existentes durarão até aproximadamente o ano de 2020).

15% dos plásticos rígidos e filme consumidos no Brasil retornam à produção como matéria-prima, o que equivale a 200 mil toneladas por ano.Deste total, 60% provêm de resíduos industriais e 40% do lixo urbano, segundo estimativa da ABREMPLAST (Associação Brasileira de Recicladores de Materiais Plásticos).

Segundo o CEMPRE em 2000, retornaram à produção através da reciclagem, 26% da resina PET.

Em São Paulo, os plásticos correspondem em média a 23% em peso do lixo urbano.

PLÁSTICOS RECICLÁVEIS	PLÁSTICOS NÃO RECICLÁVEIS
• Tampas, Potes, Frascos	• Cabos de panela
• Embalagens de Refrigerante	• Tomadas
• Embalagens de Material de Limpeza	• Embalagens metalizadas
• Copos	• Adesivos
• Canos e Tubos	• Fraldas descartáveis
• Sacos plásticos em geral	• Isopor
• Peças de brinquedos	• Espuma

Reciclando Tetra Pak (Embalagens Longa Vida)

Esta embalagem, cada vez mais presente no resíduo que descartamos, passou a ser produzida no começo dos anos 70. É composta de três tipos de materiais : papel (75%), alumínio (5%) e plástico (20%). Vem ganhando cada vez mais mercado, substituindo outras embalagens.

Ciclo da reciclagem

1. As fibras ficam mergulhadas em água, e o alumínio e plástico se separam. Após o processo de purificação dessas fibras, elas são usadas para embalagens de ovos, papel ondulado, etc.
2. Depois de picadas, as embalagens são prensadas em altas temperaturas, produzindo-se chapas semelhantes à madeira.
3. Os resíduos plásticos são reciclados para a confecção de vários itens, como brinquedos, réguas, etc. E o laminado é usado na produção de papel toalha, higiênico, entre outros.

Benefícios da reciclagem:

- Cada tonelada de embalagem cartonada reciclada gera, aproximadamente, 650 quilos de papel kraft, economizando o corte de 20 árvores.
- Os resíduos da produção de papel kraft podem ser reaproveitados para produzir outras mercadorias.
- Diminuição do volume de lixo a ser levado para o aterro.

Segundo o CEMPRE, em 1999, foram recicladas 14 mil toneladas deste tipo de embalagem, que representam apenas 10% do total produzido. Mas a previsão é que esta taxa aumente nos próximos anos, acompanhando o aumento do consumo.

Reciclando Pneus

O Brasil produz cerca de 35 milhões de pneus por ano. Quase um terço disso é exportado para 85 países e o restante roda nos veículos nacionais.

Apesar do alto índice de recauchutagem no País, que prolonga a vida dos pneus em 40%, a maior parte deles, já desgastada pelo uso, acaba parando nos lixões, na beira de rios e estradas, e até no quintal das casas, onde acumulam água que atrai insetos transmissores de doenças.

Os pneus e câmaras de ar consomem cerca de 57% da produção nacional de borracha e sua reciclagem é capaz de devolver ao processo produtivo um insumo regenerado por menos da metade do custo da borracha natural ou sintética. Além disso, economiza energia e poupa petróleo usado como matéria-prima virgem e até melhora as propriedades de materiais feitos com borracha.

Os pneus inteiros são reutilizados em pára-choques, drenagem de gases em aterros sanitários, contenção de encostas e produtos artesanais. No Brasil, as carcaças são reaproveitadas como estrutura de recifes artificiais no mar, visando o aumento da produção pesqueira.

É possível recuperar energia com a queima de pneus velhos em fornos controlados - cada pneu contém a energia de 9,4 litros de petróleo.

No Brasil, calcula-se que existam 500 mil pneus disponíveis para utilização como combustível, proporcionando economia de 12 mil toneladas de óleo.

20% da sucata de pneus disponível para obtenção de borracha regenerada são de fato recicladas no Brasil.

Compostagem
Reciclando Matéria Orgânica

A matéria orgânica (cascas de frutas, legumes apodrecidos, sobras de alimento, casca de ovo, serragem, entre outros) também pode ser reciclada.

Através da compostagem da matéria orgânica, podemos fazer facilmente um adubo natural para as plantas, muito rico em nutrientes, sem qualquer tipo de produto químico.

A técnica da compostagem traz vários benefícios:

- Contribuímos com o trabalho natural da Terra, uma vez que a decomposição de matéria orgânica é essencial para a vida do planeta e sua ecologia.
- Reduzimos bastante o espaço ocupado nos aterros (lembre-se que mais de 50% do nosso "lixo" é matéria orgânica).
- Enriquecemos naturalmente os solos, sem precisar usar agrotóxicos químicos (fertilizantes, por exemplo);
- Promovemos uma melhoria na saúde das plantas, já que o processo é natural.
- Cuidamos melhor da nossa saúde, pois estamos nos alimentando de produtos saudáveis.
- Reduz a necessidade do uso de água na produção de alimentos .
- Atrai animais importantes para a ecologia das plantas (minhocas, tatus-bolas, etc.).
- Diminui a poluição.
- Reduz custos com transporte e destinação final dos resíduos.

MEMO

Quadro Resumo

Reciclável	Não-Reciclável
Papel	
jornais e revistas	etiqueta adesiva
folhas de caderno	papel carbono
formulários de computador	fita crepe
caixas em geral	papéis sanitários
aparas de papel	papéis metalizados
fotocópias	papéis parafinados
envelopes	papéis plastificados
provas	papéis sujos
rascunhos	guardanapos
cartazes velhos	tocos de cigarro
papel de fax	fotografias
Metal	
lata de folha de flandres (lata de óleo, salsicha, leite em pó)	clips
lata de alumínio	grampos
outras sucatas de reformas	esponjas de aço
	canos
Vidros	
embalagens	espelhos
garrafas de vários formatos	vidros planos
copos	lâmpadas
	cerâmica
	porcelana
	tubos de TV

Plástico

embalagem de refrigerante
embalagem de material de limpeza
copinho de café
embalagem de margarina
canos e tubos
sacos plásticos em geral
cabo de panela
tomadas
embalagem de biscoito
misturas de papel, plásticos e metais

Como podemos Reutilizar?

Reutilizar significa aproveitar para alguma finalidade o que for possível, em vez de simplesmente jogar fora: lata de óleo pode servir de vaso; lata pequena pode ser usada como caneca e porta-lápis; em um pote plástico ou em um frasco de vidro podemos guardar alimentos e temperos; sacolas de plástico são ótimos sacos de lixo; o papel de embrulho pode ser usado muitas vezes.

Além disso, devemos evitar os descartáveis e dar preferência aos duráveis, como copos de vidro, toalhas, guardanapos e fraldas de pano, que podem ser usados e lavados.

Garrafas de cerveja esterilizadas podem ser usadas novamente para envasar cerveja.

Essas mudanças de atitude podem fazer a diferença na quantidade de lixo que produzimos.

Lembre-se:

- Dê preferência a produtos com menos embalagens
- Aproveite ao máximo os produtos: use até o fim o tubo de pasta de dente, o frasco de shampoo, a tinta da caneta...
- Tenha uma caneca em seu trabalho: cada funcionário usa em média 10 copos descartáveis por dia!!
- Evite o consumo de embalagens descartáveis, dê preferência às retornáveis.
- Antes de comprar alguma coisa, pense 10 vezes se você realmente precisa daquilo.
- Compartilhe revistas, jornais, livros, cds, etc.
- Utilize folhas, talos e cascas de alimentos. Eles podem virar suflês, sopas, patês...

- Doe seus pertences usados (roupas, livros, brinquedos, móveis, eletrodomésticos, etc.)
- Reutilize frascos e potes, que também podem servir de porta-trecos, vasos...
- Use folhas de papel na frente e no verso, aproveitando as usadas de um só lado para fazer blocos de rascunho.
- Facilite o trabalho da coleta seletiva, separando o material por categorias (plástico, vidros, metais e papel)
- Os recicláveis devem estar limpos e secos (mas lembre-se: economize água)
- Prefira rasgar o papel a amassá-lo, pois isso facilita o trabalho de triagem.
- Sempre que possível, retire grampos, clips e espirais dos papéis que serão reciclados.
- Não misture embalagens do tipo Longa Vida (Tetra Pak) com papéis.
- Separe as tampinhas das garrafas de refrigerantes e de água mineral, a coleta pode ser diferenciada.
- Garrafas plásticas e latinhas de alumínio amassadas ocupam muito menos espaço.

Curiosidades

Na cidade de São Paulo, das 15 mil toneladas de lixo recolhidas por dia, cerca de 35% são materiais recicláveis e menos de 1% é reciclado.

Cada paulistano produz diariamente 1,2 kg de lixo, em média, que vão para as montanhas dos lixões ou aterros sanitários.

São Paulo tem 5 dos seus 7 aterros sanitários lotados.

Devido à degradação da matéria orgânica (ex. restos de comida), os aterros produzem biogás e chorume por 10 a 20 anos. Dessa forma, um aterro necessita de cuidados por muitos anos, mesmo depois de ter sido saturado de lixo. Os 5 aterros desativados são mantidos sob constante vigilância e manutenção.

Nas ruas da cidade de São Paulo existem mais de 25 mil catadores de lixo reciclável. É um trabalho de "formiguinhas" que merece ser valorizado.

Cada brasileiro que viva até 70 anos de idade vai produzir 25 toneladas de detritos.

O Brasil produz cerca de 220 mil toneladas de lixo por dia sendo 90% depositado a céu aberto. (Veja, maio de 2002)

Menos de 5% do lixo urbano é reciclado.

O lixo causa enchentes entupindo bueiros e diminuindo a vazão de água. É um dos maiores problemas da sociedade moderna. É uma bomba-relógio. Calcula-se que 30% do lixo brasileiro fique espalhado pelas ruas das grandes cidades.

Em Nova York, são aplicadas multas de até 300 dólares para o cidadão que não faz a triagem em casa separando papéis, latas, plásticos e vidros.

Para a fabricação de uma tonelada de papel são consumidas 17 árvores. Com 40 kg de papel velho se evita o corte de uma árvore.

Atualmente já se fabricam tecidos que trazem em sua composição 20% de fios de plástico obtidos das garrafas de refrigerante (cuja origem são as resinas de Polietileno Tereftalato – PET). O plástico convertido em fios, também é utilizado na fabricação de vassouras e escovas.

O Departamento de Limpeza Urbana da Prefeitura de São Paulo, deposita o lixo em dois aterros sanitários : Bandeirantes e Sítio São João. Cada um recebe, em média, 5.000 toneladas de lixo por dia ! Estão com a capacidade quase esgotada.

São necessárias 70 latinhas de cerveja para fazer um 1k de alumínio;

Uma torneira pingando pode deixar escoar 150 litros de água a cada 24 horas – o suficiente para matar a sede de uma pessoa por dois meses e meio, pelo menos.

Cada tonelada de papel reciclado representa três metros cúbicos de espaço disponível nos aterros sanitários.

A energia economizada com a reciclagem de uma única garrafa de vidro é suficiente para manter acesa uma lâmpada de 100 W durante quatro horas.

Com a reciclagem de uma lata de alumínio economiza-se o suficiente para manter ligado um aparelho de televisão durante 03 horas e uma geladeira ligada por quase 10 horas.

---

01 tonelada de papel reciclado significa economia de 3 eucaliptos e 32 pinus, árvores usadas na produção de celulose.

Na fabricação de 01 tonelada de papel reciclado são necessários apenas 2.000 litros de água, ao passo que no processo tradicional esse volume pode chegar a 100.000 litros por tonelada.

Nos Estados Unidos, são jogados no lixo 18.000.000.000 de fraldas sujas ao ano. Uma criança, até aprender a ir ao banheiro, chega a usar 10.000 fraldas. Vale dizer que esse material é de difícil deterioração.

Cada tonelada de papel reciclado evita a derrubada de 16 a 30 árvores, em média.

O plástico mata mais de um milhão de aves e milhares de mamíferos marinhos a cada ano, porque é ingerido, por engano, pelos animais.

A quantidade despejada no solo, a cada três semanas, pela troca de óleo dos carros, é cerca de 41 milhões de litros.

O papel pode ser reciclado somente três vezes, porque as fibras se tornam mais curtas e mais fracas a cada vez que o papel é reciclado.

Uma mesma lata de alumínio pode ser prensada novamente inúmeras vezes - não há limite. Mas, jogada no lixo, ela não se corrói nunca.

Se o Estádio do Morumbi fosse usado como depósito de lixo de São Paulo, ele ficaria completamente cheio em apenas uma semana.

Carvão , petróleo e gás natural são restos de plantas e animais que ficaram presos ou enterrados debaixo da terra por milhões de anos.Eles são chamados de combustíveis fósseis. As reservas de combustíveis fósseis estão sendo usadas com tanta rapidez que estão se esgotando.

No Brasil, a cidade de Curitiba, no Estado do Paraná, foi a primeira a implantar a coleta seletiva do lixo,visando à reciclagem de materiais.

A palavra LIXO , derivada do termo latim lix , significa "cinza"

Não há microrganismo capaz de decompor certos produtos fabricados artificialmente pelo homem, como plásticos , isopor e alguns detergentes.

Uma minhoca cresce até , mais ou menos, 7,5 cm e come o equivalente ao seu peso em LIXO a cada 24 horas.

Estima-se em 90.000 toneladas diárias a quantidade de lixo produzido nas cidades brasileiras.Apenas 60% disso é COLETADO.

A criação de gado é o maior agente poluidor das águas nos Estados Unidos, acima de qualquer indústria produtora de lixo tóxico

---

O Lixo médio anual de uma pessoa: 90 latas de bebidas, 2 árvores transformadas em papel, 107 frascos em geral, 70 latas de alimentos, 45Kg de plástico e 10 vezes seu próprio peso em refugos domésticos.

CHORUME é o termo utilizado para se referir ao líquido escuro e turvo proveniente do armazenamento e repouso do lixo.

No Brasil , a cada ano,são desperdiçados R$ 4,6 bilhões porque não se recicla tudo o que poderia.

R$ 4,6 bilhões equivalem a...

- 433 mil carros populares (de R$ 15 mil)
- 460 mil casas populares (de R$ 10 mil)
- 46 milhões de cestas básicas (em Florianópolis)
- 77% do valor arrecadado em um ano com a CPMF

São Paulo consome 360 toneladas de latas de aço (usadas para óleo de soja e conservas), apenas 35% são recicladas.

Apenas 1% do óleo consumido no mundo é reciclado.

Todos os anos, 310 milhões de caixas de lenço de papel são consumidas na Grã-Bretanha (lenços de papel não são recicláveis). Se cada habitante do planeta utilizasse uma caixa de papel de lenço por mês, não haveria mais árvores no mundo.

Se 1 milhão de pessoas usarem o verso do papel para escrever e desenhar, a cada mês será preservada uma área de floresta equivalente a 18 campos de futebol.

Uma casa, em média, desperdiça 25% do gás, 30% da água e 42% da eletricidade que em tese está consumindo.

Na lavagem de um automóvel,uma mangueira aberta por 30 minutos gasta entre 200 e 550 litros d'água, enquanto que 4 baldes com 10 litros cada seriam mais que suficientes para o trabalho.Uma economia de 20% a 80%.

A Terra poderia ser chamado de planeta-água. As águas ocupam 71% da superfície do planeta, além do potencial hídrico subterrâneo que é 100 vezes maior que o potencial das águas superficiais. Do total da água, apenas 0,63% é água doce, e grande parte dela é imprópria para consumo. A água subterrânea é a mais pura que existe e representa uma reserva permanente.A parte de água doce do planeta que é viável para aproveitamento pelo ser humano, é de 14 mil Km^3/ano. Caso se mantenha a taxa de crescimento da população mundial, em 1,6% ao ano, e o consumo per capita se mantiver, o planeta terá 50 anos garantidos e a partir daí a procura será maior que a demanda.

Por incrível que pareça, o Brasil importa aparas de papel regularmente, com o objetivo de equilibrar preços e estabilizar o suprimento no mercado doméstico. Só em 1989 importamos 35 mil toneladas de papel velho dos Estados Unidos, o que equivale a mais de US$ 3,5 milhões.

Estima-se que ao reciclar papéis sejam criados cinco vezes mais empregos do que na produção de papel de celulose virgem e dez vezes mais empregos do que na coleta e destinação final de lixo.

Se toda água do planeta coubesse em um litro, a água doce corresponderia a uma colher de chá.

Um litro de óleo combustível usado pode contaminar 1.000.000 de litros de água.

Nos resíduos sólidos, os microorganismos causadores de doenças sobrevivem por dias e até meses.

A escassez de água potável em 2002 atinge 2 bilhões de pessoas. Neste ritmo dentro de 25 anos, serão 4 bilhões.

A água contaminada pelo descaso ambiental mata 2,2 milhões de pessoas por ano.

---

3 milhões de mortes são causadas anualmente pela poluição do ar.

As emissões de carbono, o principal poluidor do ar, aumentaram 10% desde 1991. Cerca de três quartos das emissões de carbono provocadas pelo homem nos últimos vinte anos vêm da queima de combustíveis fósseis, como a gasolina.

Um estudo do Fundo Mundial para a Natureza (WWF), divulgado em julho de 2002, estima que o homem ultrapassou em 20% os limites de exploração que o planeta pode suportar sem se degradar.

A estimativa é que a Terra tenha 8 bilhões de habitantes em 2025, um aumento de 30% em relação a atual população mundial. Serão bilhões de bocas a mais para serem alimentadas.

---

30 bilhões de toneladas de lixo são despejadas anualmente no meio ambiente.

São produzidos por ano 80 milhões de toneladas de plástico, material que não se decompões na natureza. Há cinqüenta anos, não chegava a 5 milhões de toneladas.

Só o Brasil tem 100.000.000 de pneus abandonados.

---

90 milhões de hectares de floresta – área equivalente à do Estado de Mato Grosso – foram destruídos nos anos 90 em todo o mundo.

Um em cada quatro hectares desmatados no planeta estava na Amazônia brasileira.

10% das espécies de árvores conhecidas correm risco de extinção.

De acordo com especialistas, se o efeito estufa continuar no mesmo ritmo, a temperatura da terra pode aumentar 5,8 graus centígrados até 2100.

O nível dos oceanos está subindo devido ao aquecimento global.

A espessura do gelo no Oceano Ártico ficou 40% menor nos últimos quarenta anos.

Aumentou o volume de chuvas no Hemisfério Norte, com mais tempestades e enchentes.

As secas tornaram-se mais freqüentes e intensas na África e Ásia.

Em 2002, 34% das espécies de peixes, 25% dos mamíferos e 11% dos pássaros, estão ameaçadas de extinção.

Sete de cada 10 litros utilizados pelo homem são destinados à agricultura, e mais da metade dela é perdida em sistemas de irrigação ineficientes.

Cerca de 40% da população do planeta vive em regiões com escassez de água potável, o que limita o desenvolvimento econômico, a agricultura e os cuidados sanitários.

Estima-se que 30% das maiores bacias hidrográficas do Planeta perderam mais da metade de sua cobertura vegetal, reduzindo a qualidade da água e aumentando os riscos de enchente.

A superexploração leva o esgotamento do solo a seu limite, um processo conhecido como desertificação. A FAO, o órgão da ONU para a agricultura, estima que 250 milhões de pessoas em mais de 100 países são afetadas pelo esgotamento do solo.

Fontes: Revista Veja SP, Folha de São Paulo, Revista Direcional, Jornal Nacional e Secretaria do Meio-Ambiente.

Tempo de Decomposição dos Resíduos

Materiais	Tempo de degradação	Solução Adequada
Aço (latas)	10 anos	Reciclar
Alumínio	200 a 500 anos	Reciclar
Borracha	indeterminado	Reciclar
Cerâmica	indeterminado	Usar em aterros
Chicletes	5 anos	Evitar o consumo
Cordas de Nylon	30 anos	Incinerar*
Filtros de cigarro	5 anos	Incinerar*
Isopor	indeterminado	Evitar o consumo e reutilizar
Louças	indeterminado	Usar em aterros
Madeira	Mais de 6 meses	Reutilizar
Madeira pintada	13 anos	Reutilizar
Metais (componentes de equipamentos)	Cerca de 450 anos	Reciclar
Metais (latas de cerveja e refrig.)	100 anos	Reciclar
Papel	3 a 6 meses	Reciclar
Plásticos (embalagens, equipamentos)	Até 450 anos	Reutilizar ou incinerar*

Plásticos (embalagens PET)	Mais de 100 anos	Reutilizar e reciclar
Pneus	indeterminado	Reutilizar ou destruir
Restos orgânicos	2 a 12 meses	Usar para compostagem
Tecidos de algodão	1 a 5 meses	Reutilizar
Tetrapak (embalagens de leite)	Mais de 100 anos	Reciclar
Vidros	indeterminado	Reciclar

Fonte: CUT - RJ / Comissão de Meio Ambiente e Revista SUPERINTERESSANTE

Quadro Resumo: Soluções para os Resíduos Sólidos

- Adotar a reciclagem como prática produtiva. Se o País reciclasse todas as latas de aço que consome, seria possível evitar a retirada de 900 mil toneladas de minério de ferro por ano e economizaria energia equivalente ao consumo de quatro bilhões de lâmpadas de 60 Watts.
- Reduzir a quantidade de lixo produzido nas casas e nas indústrias.
- Aproveitar tudo o que puder dos alimentos, economizando também nas quantidades. Por exemplo: talos, cascas e folhas de frutas, verduras e legumes são altamente nutritivos e, com um pouco de criatividade, podem ser transformados em pratos saborosos.
- Pensar bem antes de jogar fora os restos dos alimentos. Será melhor colocá-los em uma embalagem e dar aos que têm fome do que alimentar os ratos que vivem nos lixões.
- Reutilizar diversos produtos antes de jogá-los fora, usando-os para a mesma função original ou criando novas formas de utilização.
- Doar o que ainda serve para outras pessoas e instituições de caridade. Exemplos : roupas a ser reformadas, móveis restaurados, vidros e plásticos transformados em utilidades.
- Repensar os hábitos de consumo e de desperdício. Consumir o necessário, mas sem exageros. É importante consumir produtos mais duráveis.
- Não jogar papéis, latinhas e bitucas de cigarro nas ruas, pois vão direto para os bueiros, causando entupimentos e enchentes. Os únicos responsáveis pela poluição das águas, mares, rios e lagos somos nós, a população.

Tendências

Em um ano, indicadores dos recicláveis crescem significativamente

No mundo inteiro, o setor da reciclagem alcança forte solidez, sinalizando inúmeras oportunidades de novos negócios que conciliam, numa rara simetria, viabilidade técnica, econômica e ganhos socioambientais.

No Brasil, o desempenho da reciclagem apresenta indicadores bastante positivos.

No País é previsto o aumento da reciclagem de embalagens Longa Vida nos próximos anos devido, principalmente, à expansão dos programas de coleta seletiva e o desenvolvimento de novos processos tecnológicos. A reciclagem de alumínio continua sendo o carro-chefe do setor, com a marca de 85%.

Outros materiais também apresentaram crescimento significativo se comparados os indicadores de 2000 e 2001. Papel de escritório teve um aumento de 16 pontos percentuais no período; PET, 7 pontos percentuais; Aço, 3 pontos percentuais; plásticos rígidos e filmes, 2 pontos percentuais e, finalmente, papel ondulado, 1 ponto percentual.

Embalagem Longa Vida

Em 2001, o Brasil consumiu 6,3 bilhões de embalagens Longa Vida, sendo que 15% foi a taxa de reciclagem, totalizando 22,5 mil toneladas. O papel, matéria-prima que corresponde a 75 % desse tipo de embalagem, é proveniente de florestas manejadas e certificadas por organismos internacionais. O polietileno, o alumínio e o papel são fornecidos por empresas certificadas pela ISO 14001. Cada tonelada de embalagem cartonada reciclada gera, aproximadamente, 680 quilos de papel Kraft, economizando o corte de 21 árvores cultivadas em áreas de reflorestamento comercial.

Latas de aço

As latas de folha de flandres detêm 17% do mercado nacional de embalagens. Em 2001, 43% das latas de aço consumidas no Brasil foram recicladas, aumento de três pontos percentuais em relação ao indicador de 2000, que foi de 40%.

Latas de alumínio

O mercado interno desse material movimenta cifras astronômicas: cerca de US$ 130 milhões por ano. O Brasil ocupa posição de destaque no cenário internacional, sendo que 85% da produção nacional de latas é reciclada – os índices não param de crescer, ano após ano, lembrando que, em 2000, a marca era de 78%, e, em 1999, 73%.

Papel de escritório

No Brasil, foram consumidas, em 2001, 2,77 milhões de toneladas de papel reciclado. Mas esse mercado está longe de alcançar todo o seu potencial. A disponibilidade de aparas de papel é grande, sendo que somente 38% do papel que circulou no País, em 2001, retornou à produção através da reciclagem. Aqui se registra um salto significativo, se nos reportarmos ao indicador de 2000, que era de 22%.

Papel ondulado

As caixas feitas desse material são facilmente recicláveis, havendo forte demanda para o produto. Do volume total de papel ondulado consumido no mercado interno, 73% foi reciclado, em 2001, aumento de um ponto percentual em relação ao indicador coletado no ano anterior.

Plásticos rígidos e filmes

Em média, o material corresponde a 29% do total de plásticos separados pelos municípios que fazem coleta seletiva. As empresas recicladoras reprocessam 17% dos plásticos rígidos e filmes, o que equivale a 200 mil toneladas por ano e um aumento de 2% em relação ao indicador coletado em 2000. O plástico reciclado economiza até 50% de energia.

PET

No Brasil, o consumo e reciclagem de garrafas feitas de PET tem aumentado consideravelmente, Para se ter uma idéia, em 1994, o consumo era de 1.8 bilhão de garrafas e a reciclagem atingia 290 mil unidades; em 2000, o consumo pulou para 8,4 bilhões, o mesmo ocorrendo com a reciclagem, que atingiu 1,5 milhão de garrafas.

Em 2001, 33% da resina foi reciclada, totalizando 89 mil toneladas, um aumento percentual de 7 pontos em relação ao ano anterior, em que se reciclou 26% de resina, totalizando 67 mil toneladas.

Pneus

São recicladas, no Brasil, 20% da sucata disponível – calculasse que existam 500 mil pneus aptos ao reprocessamento. O País já dispõe de tecnologia em escala industrial capaz de obter um produto reciclado com elasticidade e resistência semelhantes ao do material virgem.

Vidro

O Brasil produz, em média, 890 mil toneladas de embalagens de vidro por ano. Cerca de 42% das embalagens desse material são atualmente recicladas. Desse total, 5% são gerados por engarrafadores de bebidas, 10% por sucateiros, 0,06% por vidrarias e outros 12% representam refugos de vidro das próprias fábricas.

Fonte: Cempre – Compromisso Empresarial para a Reciclagem.

Guia de Boas Práticas para o Consumo Sustentável

A imensidão do Brasil fez, e ainda faz, muita gente pensar que todos os recursos naturais do nosso País são inesgotáveis. Engano. Um grande engano. Se não abrirmos os olhos e ficarmos bem atentos as nossas atitudes, poderemos sofrer graves prejuízos e ainda comprometer a sobrevivência das gerações futuras.

Não é à toa que muita gente – técnicos, especialistas, estudiosos e governos de todas as partes do mundo – está preocupada com o futuro do nosso Planeta. O Ministério do Meio Ambiente – Secretaria de Políticas para o Desenvolvimento Sustentável - e o Instituto Brasileiro de Defesa do Consumidor (IDEC) colocam o assunto em discussão e dão as dicas para que todos possam iniciar a mudança.

Talvez você já tenha ouvido falar de Consumo Sustentável. Mas, se você não sabe o que isso significa, vamos lá: Consumo Sustentável quer dizer saber usar os recursos naturais para satisfazer as nossas necessidades, sem comprometer as necessidades e aspirações das gerações futuras. Ou seja, vale aquele velho jargão popular: saber usar para nunca faltar. E isso não exige um grande esforço, somente mais atenção com o que está ao nosso redor, no nosso ambiente. Basta fazermos uma pequena reflexão sobre como agimos.

Normalmente, não nos preocupamos com a quantidade de água que utilizamos ao escovar os dentes, quando tomamos banho ou no momento de lavar a louça e o nosso carro. Por absoluta desatenção, ao sairmos de um cômodo não apagamos a luz, ou vamos acendendo todas as lâmpadas, deixando para trás um rastro luminoso. Nem nos tocamos em relação ao consumo de papel, seja em casa ou no escritório estamos sempre desperdiçando papel. Misturamos o lixo doméstico, quando seria muito simples separar os restos de comida do papel, da lata, do vidro, do plástico. No ato da compra, pense! Não leve para casa alimentos em excesso nem faça comida em demasia para depois ter que jogar fora. Resto de alimento é coisa séria. Milhares de pessoas carecem, diariamente, de um prato de comida. Não nos damos conta de que os nossos desperdícios têm impacto no nosso bolso.

E, mais grave ainda, nunca paramos para pensar que este comportamento displicente vai acarretar sérias e graves dificuldades para os nossos descendentes. Eles vão ressentir-se da falta dos recursos naturais. Ao mesmo tempo em que estaremos reduzindo ou eliminando o desperdício, vamos economizar muito dinheiro. Quem sabe, não conseguiremos até melhorar a nossa renda mensal, se fizermos pequenas mudanças nas nossas atitudes? Se você acha que é muito trabalhoso, então, preste atenção nessas informações abaixo e perceba o risco que estamos correndo.

Água

Hoje, metade da população mundial (mais de 3 bilhões de pessoas) enfrenta problemas de abastecimento de água. Muitas fontes de água doce estão poluídas ou, simplesmente, secaram. Recife, capital de Pernambuco, em vários períodos do ano é submetida a um racionamento rigoroso, em outros, não tem água mesmo.

O racionamento também já chegou a São Paulo, podendo atingir 3 milhões dos 10 milhões de habitantes da capital paulista. Você sabia que 97% da água existente no planeta Terra é salgada (mares e oceanos), 2% formam geleiras inacessíveis e, apenas, 1% é água doce, armazenada em lençóis subterrâneos, rios e lagos?

Pois, bem, temos apenas 1% de água, distribuída desigualmente pela Terra para atender a mais de 6 bilhões de pessoas (população mundial).Esse pouquinho de água que nos resta está ameaçado. Isso porque, somente agora estamos nos dando conta dos riscos que representam os esgotos, o lixo, os resíduos de agrotóxicos e industriais. Cada um de nós tem uma parcela de responsabilidade nesse conjunto de coisas. Mas, como não podemos resolver tudo de uma só vez, que tal começarmos a dar a nossa contribuição no dia-a-dia?

Você sabe quantos litros de água uma pessoa consome, em média, por dia? Não? São cerca de 250 litros (isto mesmo, 250 litros ou mais): banho, cuidados de higiene, comida, lavagem de louça e roupas, limpeza da casa, plantas e, claro, a água que se bebe.

Dá para viver sem água? Não dá. Então, a saída é fazer um uso racional deste recurso precioso. A água deve ser usada com responsabilidade. Para nós, consumidores, também significa mais dinheiro no bolso. A conta de água no final do mês será menor. O mais importante, no entanto, é termos a consciência de que estamos contribuindo, efetivamente, para reduzir os riscos de matarmos a nossa fonte de vida: a água.

Energia elétrica

O consumo de energia elétrica aumenta a cada ano no Brasil. Em breve, estaremos importando energia elétrica de países vizinhos.

O comércio, além de ganhar novos estabelecimentos com alto padrão de consumo (shopping centers, hipermercados), dinamizou suas atividades com a ampliação dos dias e horário de funcionamento. Uma grande parte desse aumento é decorrente do desperdício de energia.

Voltamos à questão do desperdício. E é nesse ponto que entra a nossa contribuição. O consumo residencial e comercial representam cerca de 42% do consumo total. No segmento residencial, houve um aumento do uso da eletricidade por de todos eles, realmente? Economizar energia, além de fazer bem ao bolso, também contribui para o adiamento da construção de novas hidrelétricas, que causam grandes impactos ambientais ou para diminuição da exploração de recursos naturais não renováveis como o petróleo. Percebe como podemos ajudar?

Lixo

Enquanto a água pode nos faltar, o lixo sobra. É lixo demais e ele sempre aumenta. Aumenta tanto que nem sabemos onde colocá-lo. Essa dificuldade é maior quando associada aos custos para se criar aterros sanitários. A situação torna-se pior quando constatamos que na maioria das cidades brasileiras o lixo é despejado em terrenos baldios ou nos "famosos" e inadequados lixões. Em contraposição a essas práticas, ecologicamente incorretas, vem-se estimulando o uso de métodos alternativos de tratamento como a compostagem e a reciclagem ou, dependo do caso, incineração. A incineração (queima do lixo) é a alternativa menos aceitável. Provoca graves problemas de poluição atmosférica e exige investimentos de grande porte para a construção de incineradores. A compostagem é uma maneira fácil e barata de tratar o lixo orgânico (detritos de cozinha, restos de poda e fragmentos de árvores). A reciclagem é vista pelos governos e defensores da causa ambiental como solução para o lixo inorgânico (plásticos, vidros, metais e papéis). Com a reciclagem é possível reduzir o consumo de matérias-primas, o volume de lixo e a poluição.

Tecnicamente, é possível recuperar e reutilizar a maior parte dos materiais que na rotina do dia-a-dia é jogada fora. Latas de alumínio, vidro e papéis, facilmente coletados, estão sendo reciclados em larga escala em muitos países, inclusive no Brasil. Embora seja um processo em crescimento, ainda não é economicamente atrativo para todos os casos. Assim, nos restam as alternativas: evitar produzir lixo, reaproveitar o que for possível e reciclar ao máximo. Como fazer isso? Aqui vai uma boa dica: aproveitar melhor o que compramos, escolhendo produtos com menor quantidade de embalagens ou redescobrir antigos costumes como, por exemplo, à volta das garrafas retornáveis de bebidas (os velhos cascos) ou das sacolas de feira para carregar compras.

Como você pode ajudar a preservar os recursos naturais e economizar dinheiro:

- Essas dicas de boas práticas para o consumo sustentável foram preparadas com o intuito de alterar os nossos velhos hábitos.
- Faça uso delas no seu cotidiano.
- Divulgue-as.
- Você estará dando a sua contribuição para uma melhor qualidade de vida e sobrevivência da nossa espécie no planeta.

Este Guia é resultado de uma parceria entre as instituições:
- Ministério do Meio Ambiente/Secretaria de Políticas para o Desenvolvimento Sustentável: www.mma.gov.br
- Instituto de Defesa do Consumidor (IDEC) / site: www.idec.org.br

Capítulo 4

Projetando novas Possibilidades

Quantas vezes nós pensamos em desistir, deixar de lado, o ideal e os sonhos;
Quantas vezes batemos em retirada, com o coração amargurado pela injustiça;
Quantas vezes sentimos o peso da responsabilidade, sem ter com quem dividir;
Quantas vezes sentimos solidão, mesmo cercado de pessoas;
Quantas vezes falamos, sem sermos notados;
Quantas vezes lutamos por uma causa perdida;
Quantas vezes voltamos para casa com a sensação de derrota;
Quanta vezes aquela lágrima, teima em cair, justamente na hora em que precisamos parecer fortes;
Quantas vezes pedimos a Deus um pouco de força, um pouco de luz;
E a resposta vem, seja lá como for, um sorriso, um olhar cúmplice, um cartãozinho, um bilhete, um gesto de amor;
E a gente insiste;
Insiste em prosseguir, em acreditar, em transformar, em dividir, em estar, em ser;
E Deus insiste em nos abençoar, em nos mostrar o caminho;
E a gente insiste em seguir, por que tem uma Missão...

(Autor desconhecido)

DESENVOLVIMENTO ■ TRANSFORMAÇÃO ■ RESPONSABILIDADE
REALIZAÇÃO ■ ENVOLVIMENTO ■ CONQUISTA ■ COMPROMISSO

Projetando novas possibilidades

- Maior autonomia para tomar decisões.
- Valorização do trabalho em grupo.
- Desenvolvimento de vínculos de solidariedade.
- Aprendizado constante.

São algumas das características incentivadas pela realização de projetos de trabalho.

Através de um projeto bem organizado é possível focar prioridades, monitorar desempenhos, superar dificuldades e adaptar-se a mudanças.

Trabalhar através de projetos significa:

- Repensar o mundo, nosso tempo, espaço, nossa forma de lidar com o mundo de informações em que vivemos.
- Pensar na aprendizagem como um processo global e complexo, no qual conhecer a realidade e intervir nela não são atitudes dissociadas.
- Através de projetos, aprendemos participando, formulando problemas, tomando atitudes diante dos fatos, investigando, construindo novos conceitos e informações e escolhendo os procedimentos quando nos vemos diante da necessidade de resolver questões.
- Romper com um modelo fragmentado de visão de mundo e recriá-lo de forma significativa, sem perder de vista a realidade.

Entendendo a idéia de projeto

Mas, afinal, o que é um projeto?

Qual das afirmações a seguir você acha mais correta?

- Projeto é intenção, pretensão, sonho: "Meu projeto é comprar uma casa".
- Projeto é doutrina, filosofia, diretriz: "Meu projeto de país é muito diferente".
- Projeto é idéia ou concepção de produto ou serviço: "Estes dois carros têm projetos muito semelhantes".
- Projeto é esboço ou proposta: "Todos têm o direito de apresentar um projeto de lei ao Congresso".
- Projeto é desenho para orientar construção: "Já aprovei e pedi ao arquiteto que detalhasse o projeto".
- Projeto é empreendimento com investimento: "A prefeitura vai construir novo projeto habitacional".
- Projeto é atividade organizada com o objetivo de resolver um problema: "Precisamos iniciar o projeto de desenvolvimento de um novo motor, menos poluente".
- Projeto é um tipo de organização temporária, criada para realizar uma atividade finita: "Aquele pessoal é a equipe do projeto do novo motor".

Todas essas definições são corretas e abrangem significados do termo projeto, mas as duas últimas são as que mais interessam no contexto de Educação Ambiental.

Projeto **é uma atividade organizada**, que tem por objetivo resolver um problema, ou desenvolver uma seqüência de ações articuladas e com o propósito de atingir alguns objetivos bem definidos.

Diferença entre Projetos e Atividades

Uma importante distinção: projetos são diferentes de atividades funcionais. Atividades funcionais são regulares (repetem-se sempre do mesmo modo, com pequenas variações) e são também "intermináveis", ou seja, não têm perspectiva de finalização.

Já os projetos têm as seguintes características:

- Ter o **objetivo definido** em função de um problema cuja solução é o critério para definir seu grau de sucesso.
- **Ser finitos:** têm começo e término programados. Solucionado o problema ou realizada a ação, o projeto termina.

Problemas comuns na implementação de projetos

Nenhuma abordagem, por mais sofisticada, assegura o êxito de um projeto. Muitas vezes, um detalhe põe tudo a perder. Há problemas que devem ser evitados:

- **Objetivo(s) confuso(s).** Um projeto com objetivo confuso, ou com objetivos confusos, tem alta probabilidade de fracasso. Não sabendo onde se deve chegar, não se chega a lugar algum. O objetivo confuso pode ter várias origens:

1) O problema não foi estudado e entendido corretamente. Houve pressa em iniciar, sem clareza do problema.
2) O Responsável e a equipe não entendem o problema e fazem suposições incorretas sobre o resultado a ser alcançado.
3) O objetivo é claro, mas não coerente com o problema. O resultado a ser alcançado não soluciona o problema.

Identificando Problemas

- **Execução confusa.** As condições de execução tornam-se confusas nas situações a seguir:

1) As regras de decisão são imprecisas. Não há políticas nem procedimentos para resolver problemas e conflitos.
2) Autoridade e responsabilidade estão indefinidas. Não se sabe direito quem tem poderes e atribuições para quê.
3) As atividades não são coerentes com o objetivo. Isso pode ocorrer mesmo quando o problema e o objetivo são coerentes.
4) A previsão de recursos é incoerente com as atividades. Podem ter sido subestimados ou superestimados.
5) A atividade avança muito, sem que pelo menos as intenções básicas do projeto estejam bem definidas.

- **Falhas na execução.** O fato de ser muito bem planejado e organizado ainda não é garantia do sucesso de um projeto. Podem ocorrer falhas na execução. Uma das mais comuns é a seguinte: um detalhe vital não funciona e põe tudo a perder, simplesmente porque todo mundo achou que era importante demais, e que outra pessoa iria cuidar daquilo.

"Para obter os resultados desejados, um projeto deve ter metas definidas e aceitas por todos, uma equipe empenhada e um plano de ação viável, adaptável a mudanças. Cada projeto é único, singular. Nessa perspectiva, um projeto não pode ser copiado. Ele precisa ser inventado. Portanto, não há como organizar fórmulas ou modelos para trabalhar com projetos, nem fazer um planejamento fechado e definitivo."

Condições para o Êxito

A experiência mostra que as seguintes condições afetam positivamente a probabilidade de sucesso do projeto:

Definição do problema e/ou das intenções

Projetos bem sucedidos, de forma geral, são definidos a partir do problema a ser resolvido e da clareza com que se define a solução do problema. O mais importante é definir com clareza o objetivo do projeto. Uma vez decidida à realização de um projeto, deve-se discutir exaustivamente como o problema pode ser resolvido e as características do resultado final que definem o objetivo, ou objetivos, do projeto. Quanto mais se postergam essas discussões e definições, mais difícil se torna à implementação do projeto.

Envolvimento da equipe

Quanto mais o projeto representa um desafio para a equipe envolvida, maior é a probabilidade de que venha a ter sucesso. Projetos bem-sucedidos criam nas equipes e nas pessoas participantes uma sensação de propriedade: "Este é o nosso projeto, o problema que temos de resolver". Para o êxito do projeto é fundamental que os participantes sejam sensibilizados pelos problemas ou temas tratados.

Antes de iniciar um projeto assegure-se de que ele tenha boas probabilidades de sucesso. Certifique-se de que ele estará sendo feito no momento apropriado, que é viável e que vale a pena, e só então inicie o desenvolvimento.

Planejamento

Projetos bem-sucedidos são muito bem planejados. Uma vez estabelecidos os planos, no entanto, a equipe tem grande liberdade para executá-los. A probabilidade de o projeto ter sucesso aumenta se, durante sua implementação, houver um cronograma bem elaborado de providências e resultados, a partir do qual os participantes possam controlar o bom andamento dos trabalhos em direção ao objetivo estabelecido.

O que pode dar errado?

Outro fator que contribui para o sucesso de um projeto é **procurar prever futuros problemas** em sua implantação e se preparar com antecedência para resolvê-los, caso eles realmente aconteçam.

Quanto custa?

Alguns projetos necessitam recursos financeiros para sua implementação; nesse caso, é preciso haver um bom planejamento de seus custos, levando em conta quanto se vai gastar e de onde sairá o dinheiro.

Quem é o responsável?

A existência de um responsável é também uma providência necessária para que um projeto seja bem implementado e atinja o objetivo definido.

Adaptado do texto "Gestão de projetos", in *Gestão da escola*, do Programa de Melhoria do Desempenho da Rede Municipal de Ensino. São Paulo: Secretaria Municipal de Educação/Fundação Instituto de Administração da Universidade de São Paulo.

Roteiro simplificado para elaboração de Projetos

Lembre-se que um projeto deve responder as seguintes perguntas:

- **QUEM** está propondo o Projeto? Quem vai se beneficiar do projeto? Quem elaborou o projeto? Escreva o nome das pessoas que elaboraram o projeto.
- **PORQUE** fazer o Projeto? Explicar de forma simples qual o motivo ou o problema que levou a pensar no projeto.
- **O QUE** se espera realizar com o Projeto? Os objetivos do projeto que devem ter relação com os motivos ou problemas que levaram a pensar no projeto.
- **PARA QUEM** é o projeto que se está propondo?
- **QUAL é o TEMPO** de duração do projeto?
- **QUANTO** custará realizar o projeto? Orçamento total proposto.
- **COMO** vão se realizar os objetivos do projeto? Através de que ações, realizadas quando e por quem vão ser cumpridos os objetivos do projeto.
- **QUE TIPO DE GASTOS** vão ser realizados para realizar os objetivos e ações do projeto? Informar o tipo de gasto, o valor desse gasto por mês e o valor desse gasto durante o prazo total do projeto.
- **DE ONDE DEVEM VIR OS RECURSOS** para realizar o projeto?

Detalhamento simplificado das etapas elaboração de Projetos

ROTEIRO PARA ELABORAÇÃO DE PROJETOS

N Descrição	Pergunta correspondente
1. Definição do Tema/ Nome do Projeto	Qual o nome do projeto?
2. Local, Data, Nome do Líder e dos Participantes	Quem vai participar? Quem é o responsável?
3. Justificativa	Porque? Quais os Motivos?
4. Beneficiários	Quem são os Beneficiários?
5. Definição dos Objetivos Gerais (de maneira geral)	O que nós queremos?
6. Definição dos Objetivos Específicos	Detalhadamente, o que nós queremos? O que nós vamos fazer ?
7. Plano de Ação: Descrição de todas as atividades incluindo os responsáveis e o cronograma	Como? Quem vai fazer o que? Quando?
8. Descrição dos Recursos (Humanos, Tecnológicos, Materiais, Financeiros)	O que nós precisamos para fazer?
9. Forças Restritivas	O que pode dar errado?
10. Avaliação/Resultados e Repercussão	Quais os benefícios do projeto? Quais os resultados? Como vamos garantir que os objetivos foram atingidos?

Um projeto é elaborado para transformar uma idéia em realidade.

Desenvolver um projeto, portanto, é definir uma proposta de trabalho e traçar algumas linhas de ação em relação a algo que desejamos alcançar.

Para isso, ele deve ser pensado, definido e elaborado coletivamente por todos os envolvidos no projeto.

A participação e comprometimento em todas as etapas é essencial para o sucesso.

1. Definição do tema

- A primeira providência é definir um tema para o projeto.
- Na escolha do tema já se deve procurar definir os objetivos gerais do projeto.
- Depois de tudo feito, escolha um nome/título "bem-bolado" que possa despertar a curiosidade e o interesse das pessoas pelo projeto.

Anote suas Idéias

- O primeiro passo para a realização de um projeto é o desenvolvimento de uma idéia. Elas surgem nos momentos mais inusitados, no cinema, no banho, caminhando.
- Quando uma mesma idéia voltar a sua cabeça, é hora de prestar atenção nela e por que não, transforma-la em um projeto?

2. Participantes – Quem?

Liste as pessoas envolvidas e os responsáveis pela elaboração do projeto.

3. Justificativa – Por que?

Motive fortemente seus leitores a continuarem a ler seu projeto. Novamente, prenda a atenção por saber exatamente suas necessidades e pontos de vista

- Deixe claro porque está apresentando este projeto. Quais os impactos e a repercussão deste projeto?
- A que problema ou necessidade você está se dirigindo? Procure respostas claras para a questão: Por que é importante fazer o projeto? Reflita sobre o motivo que faz valer a pena realizar esse projeto.

4. Beneficiários – Quem?

Quem ganha com isso?
Relacione quem vai se beneficiar direta e indiretamente com o projeto.

5. Definição dos objetivos gerais – O que?

Na escolha do tema já se deve procurar definir os objetivos gerais do projeto: O que se pretende alcançar com o projeto?

6. Definição dos objetivos específicos – O que?

Os objetivos específicos do projeto são objetivos mais precisos e detalhados, que, mantendo a coerência com os objetivos gerais, vão ser eventualmente perseguidos por meio de atividades específicas.

Uma maneira útil de pensar os objetivos específicos é considerá-los como soluções a ser buscadas para problemas razoavelmente bem delimitados.

Por exemplo, um projeto com o título "Não ao desperdício – o que se faz com o lixo", pode ter como objetivo geral: Implantar um programa de Coletiva Seletiva no meu Bairro. E como objetivos específicos:

- Sensibilizar-se com o problema do lixo;
- Saber quanto se produz de lixo em casa e no bairro, e que lixo é esse;
- Saber como é a coleta e para onde vai o lixo produzido no bairro
- Analisar a produção diária média per capita de lixo, nas escolas e nas residências;
- Planejar uma campanha para incentivar a separação do lixo, a reciclagem e o não-desperdício.

7. Plano de Ação – O que?, Como?, Onde, Quem vai fazer o que e quando?

Agora é preciso tentar especificar as atividades centrais que levará à realização dos objetivos específicos do projeto. Faça isso respondendo às seguintes perguntas para cada atividade:

O quê?	Especifique todas as atividades a serem realizadas.
Como?	Esclareça os métodos adotados para realizar as atividades.
Onde?	Descreva o local onde serão realizadas as atividades.
Quem?	Descreva quem são as pessoas envolvidas nas atividades.
Quando?	Esclareça como as atividades vão se situar ao longo do tempo. Mostre datas de início e término de cada etapa importante.

- Um bom plano para implementar o projeto deve ser construído a partir de um levantamento detalhado de tudo que precisa ser feito para se conseguir atingir o objetivo geral e fazer o produto final
- Em suma, duas questões centrais que devem ser respondidas por um bom plano de implementação:

  1) Quais as tarefas e providências necessárias à implementação do projeto, e quando elas devem ocorrer?
  2) O que não pode ser esquecido, pois poria tudo a perder?

8. Recursos – Com o que?

- Indique todos os recursos necessários para desenvolver o projeto.

9. Forças Restritivas

- Quais as principais dificuldades?
- Quais as sugestões para superá-las?
- Descreva tudo o que pode dar errado no projeto. Isto auxilia:

1) Na prevenção de possíveis problemas a serem enfrentados.
2) Na busca de alternativas.

10. Avaliação

- **Como será feito o acompanhamento do projeto?** Defina e Relacione as formas de acompanhamento e registro dos efeitos do projeto, tais como reuniões de acompanhamento, relatórios ou outros meios.
- **Como serão medidos os efeitos do projeto?** Relacionar os indicadores (sinais que mostrem o que está acontecendo) dos efeitos do projeto com os alunos, os professores, a escola e a comunidade, na medida em que suas atividades forem sendo realizadas.
- Descreva os frutos de seu projeto. Focalize os benefícios após a conclusão, de forma que se possa saber o que esperar como resultados do projeto.

Complementos

Pode-se incluir no projeto:

Resumo / Sumário Executivo

- Forneça um breve resumo dos pontos chave que serão abordados no seu projeto.
- Escreva de forma breve o seu ponto de vista sobre os problemas, necessidades e soluções ou recomendações.
- Prenda a atenção de seus leitores demonstrando que conhece seus pontos de vista, referenciando rapidamente a cada um deles.
- Brevemente descreva os objetivos do projeto e como planeja atingi-los.
- Explique como vai avaliar a implementação de seu plano.

Qualificações

- Prove que você é confiável e capaz. No apêndice você encontrar sugestões sobre o tipo de documentação a apresentar e que você deverá resumir aqui. Esclareça ao leitor que no apêndice se encontram as cópias dos documentos que comprovam o que você está resumindo nesta seção.

Anexos

Seguem sugestões de Anexos que podem ser inseridas ao final do projeto:

- Cartas de referência e certificados
- Currículo Resumido dos membros chave do projeto
- Cronograma detalhado
- Planilha de custos detalhada
- Prazos e condições da proposta
- Informações adicionais, como: desenhos, figuras, plantas

Super Dicas

Planejar é:

- Estabelecer objetivos
- Determinar metodologia
- Atribuir responsabilidades
- Reunir recursos
- Definir prazos
- Orçar custos
- Antecipar resultados
- Um guia (mapa) para a ação
- A melhor maneira de se atingir resultados
- Prever possíveis problemas
- Testar soluções

Planejar não é:

- Perder tempo
- Fazer reuniões inúteis
- Enrrolar
- Deixar para depois
- Burocracia

Lembre-se:

O QUE? QUEM? QUANDO? COMO? PORQUE? QUANTO? QUAIS? ONDE?

São elementos básicos de qualquer planejamento ou projeto.

Colocando em Prática

Como implantar a coleta seletiva no seu condomínio em 4 passos:

Cada um dos quatro passos:

1. Infra-estrutura
2. Escoamento
3. Treinamento de funcionários e
4. Comunicação com condôminos

É fundamental para que a coleta seletiva funcione no seu condomínio. Não é necessário convocar assembléia para instalar a coleta seletiva, é necessário apenas adquirir os recipientes de coleta.

Se houver um quadro de mensagens ou jornal do condomínio, pode ser interessante criar um "Espaço Reciclagem", a ser alimentado com dados sobre a evolução da coleta seletiva no local, com matérias sobre os benefícios do processo e com os cartazes explicando sobre a reciclagem.

1º Passo: Prepare a infra-estrutura

- Espaço de armazenagem: deve ser amplo o suficiente para juntar material durante pelo menos uma semana, ou pelo tempo necessário para criar um estoque que a empresa compradora recolha no local. Não pode ter infiltrações e água empoçada. Se possível, armazenar o lixo comum e o reciclado em depósitos diferentes.
- Perigo de incêndio: não acumular muito material reciclável, pois papel e plástico são altamente combustíveis. Não os deixe próximos a instalações elétricas.
- Aparelho para amassar latinhas de alumínio: as latinhas ocupam muito volume; este aparelho reduz o problema.

- Lixeiras com rodas podem substituir uma lixeira e um carrinho de mão.
- Luvas e botas para os funcionários que farão o transporte interno, e/ou a seleção posterior do material. Os materiais recicláveis são os que mais podem causar ferimentos, principalmente no caso de vidros e latas.

2° Passo: Planeje o escoamento do material

- É fundamental que o escoamento seja bem planejado para que a coleta seletiva não "faça água". É importante não acumular material demais, e ter um destino fixo para o que for coletado.
- É interessante que haja uma lixeira para coleta seletiva em cada andar.

3° Passo: Treinamento de funcionários

Os procedimentos da coleta seletiva neste caso são muito simples; é preciso apenas alertar os funcionários de que:

- O lixo reciclável não será colocado na porta do prédio, mas sim em outro local para retirada posterior.
- Caso o condomínio realizar a coleta separada por tipo de material (papel, plástico, metais, vidro), não misturar os materiais no armazenamento. É preciso orientar todos os funcionários envolvidos sobre os tipos de materiais.

4° Passo: Comunicação com os condôminos

É fundamental que todos os moradores saibam que há coleta seletiva, e que percebam como é simples.

- No entanto, em condomínios residenciais a participação das faxineiras e empregadas domésticas das unidades é ainda mais importante. A maior parte do lixo se origina na cozinha, e quem cuida do descarte, em geral, são elas.
- Por isso, quando a coleta seletiva for iniciada, pode ser interessante convocar uma reunião com as empregadas, para uma explicação simples e objetiva sobre os procedimentos.

- É muito importante explicar a todos, condôminos e empregadas, que os materiais recicláveis devem estar livres de restos de alimentos ou bebidas, senão será impossível estocá-los (por questões de higiene) e repassá-los (as empresas não compram). Para isto, basta passar uma água na embalagem para eliminar os restos.

Veja como proceder a correta seleção do lixo!

- Após usar o produto e antes de descarta-lo é fundamental que o material esteja limpo, já que o tempo de armazenagem é maior que o do lixo orgânico, e os compradores de sucata não aceitam material com impurezas.
- Passe água, se for uma embalagem de alimento ou bebida (longa vida, papel ou papelão, latinhas de alumínio, garrafas plásticas, vidro).
- Deposite cada material no latão específico: papel, plástico, metais, vidro; ou no latão de lixo inorgânico.
- Na lixeira geral, jogue apenas material orgânico (restos de comida, cascas de fruta etc.).
- Nunca jogue materiais diferentes dos especificados nas lixeiras de reciclagem.

Não podem ser reciclados:

- Embalagens de pizza. Lâmpadas e pilhas. Papel de fax, papel higiênico e papéis metalizados. Lixo orgânico em geral (restos de comidas).

Jogue limpo!

Exemplo de quem faz

Alguns condomínios de São Paulo, preocupados com a questão ambiental, já encamparam a idéia da reciclagem e introduziram um programa de coleta seletiva. É o caso do Condomínio Saint Paul Ville, na Bela Vista, onde vivem cerca de 500 pessoas.

Há três anos, as crianças e adolescentes do prédio se mobilizaram para recolher latinhas de alumínio (cerveja e refrigerante). Em 99, os moradores decidiram formar uma comissão para elaborar um plano de trabalho, no qual, objetivos e as etapas do projeto foram estruturados. No Saint Paul, a coleta seletiva obedece a várias etapas. Num primeiro momento, apenas as latas de alumínio eram separadas do restante do lixo, por serem fáceis de manusear e pela alta aceitação no mercado. Depois as embalagens de plástico e as de longa-vida (Tetra-pak).

"Há dois tipos de coleta no prédio: a espontânea e a programada. Na espontânea, cada morador leva seu material à garagem e o deposita na lata. Na programada, toda segunda-feira, os funcionários recolhem os saquinhos com material reciclável, que é deixado pelos condôminos ao lado do latão de lixo, em cada andar", explica a assistente social, Odete Gebara, uma das integrantes da comissão de coleta seletiva do Saint Paul Ville.

Mas para passar da intenção à prática e evitar problemas provocados pela falta de informação, os condomínios têm à disposição várias organizações e instituições que prestam orientação, gratuitamente, sobre a implantação da coleta seletiva de lixo.

A ONG Instituto Gea, Ética e Meio Ambiente é uma delas. Formada há quase dois anos, pela comunicadora Ana Maria Domingues Luz e pela engenheira química Araci Musolino Montineri, o GEA presta atendimento à população, a condomínios, escolas e empresas, esclarecendo dúvidas e auxiliando na montagem de sistemas de coleta seletiva.

"Normalmente, a população tem uma enorme vontade de participar porque está preocupada com a questão do lixo, mas não sabe que não é tão fácil assim. Tem gente que acha que implantar coleta seletiva é comprar lixeiras coloridas. Só depois de amontoarem recicláveis, desordenadamente, é que descobrem que têm de organizar um lugar e juntar uma quantidade muito grande para que alguém venha recolher", diz Ana Maria.

O Cempre (Compromisso Empresarial para Reciclagem), associação sem fins lucrativos mantida por empresas privadas, também se dedica à promoção da reciclagem, seguindo o conceito de gerenciamento integrado do lixo. A associação tem como objetivo conscientizar a sociedade sobre a importância dos chamados "Três Rs": redução, reutilização e reciclagem de lixo, utilizando publicações, pesquisas técnicas e seminários.

"A mudança de hábito é a parte mais difícil. Requer um esforço, cujo tempo necessário varia bastante", diz o engenheiro químico André Vilhena, diretor executivo do Cempre.

Para implantar um programa de coleta seletiva é preciso ter bastante dedicação e empenho. Todo projeto é compreendido em, pelo menos, três etapas: o planejamento, a implantação e a manutenção. E para que a coleta funcione num condomínio, o programa nunca pode ser tocado por apenas uma pessoa. De acordo com as dicas fornecidas pela equipe do GEA, o sucesso dos programas depende da participação e do envolvimento de mais pessoas - três ou quatro, no mínimo.

"A única coisa que é indispensável é a vontade de fazer. Se não existe um grupo que quer levar o trabalho adiante, não tem como, a idéia morre. Se também não houver um grande cuidado em conscientizar os moradores, o programa vai para o brejo. Todas as outras coisas são contornáveis", afirma Ana Maria.

Além disto, a consultora do Gea diz que os condomínios devem gastar o mínimo possível, tentar equilibrar a quantidade de trabalho dos funcionários e facilitar a participação do condômino.

Planejamento – Antes de começar a coleta seletiva no condomínio, é indispensável conhecer bem o lixo "produzido" no local. Saber qual é a quantidade gerada, que materiais compõem o lixo e qual é a proporção de cada material - papel, plástico, vidro, alumínio ou orgânico. Além de "conhecer" o lixo, também é necessário se inteirar sobre as características do prédio - como o espaço físico e as rotinas de limpeza.

Definir que destino o material reciclável tomará, depois de selecionado, é outra atitude imprescindível. Em geral, eles podem ser doados ou comercializados. Seja qual for a decisão, o mais sensato é procurar conhecer bem o mercado de recicláveis.

"Quando a intenção do prédio for vender os recicláveis, é preciso pesquisar os valores antes, porque os preços de venda são baixos. Se for assim, pode ser frustrante. As pessoas acham que o dinheiro é proporcional à quantidade", esclarece Ana Maria.

Se o condomínio optar pela doação, elas podem ser encaminhadas para associações que vendem ou reaproveitam o material. Os sites do Gea e do Cempre têm uma lista de compradores e de organizações que recebem doação.

"Alguns condomínios comercializam e destinam o dinheiro obtido para o prédio ou para os funcionários. A nossa coleta não é para rentabilidade, mas ideológica. Optamos por não visar a parte econômica e assim, com a nossa doação, estimulamos a educação ambiental, diminuindo os lixões e melhorando a nossa qualidade de vida. É importante haver uma mudança de mentalidade para entender quais são os danos à natureza, quando o lixo não é devidamente destinado", diz Odete, do Condomínio Saint Paul.

Depois de ter, em mãos, todas as informações sobre o lixo, sobre o prédio e sobre o destino do material reciclável, o próximo passo é partir para a parte operacional do projeto. Neste momento, é importante decidir se todo tipo de lixo será coletado, quem fará a coleta, onde será estocado e para quem será doado ou vendido.

O Gea destaca, ainda, a importância da educação ambiental para que o projeto funcione. Moradores, funcionários da limpeza e empregadas domésticas devem, de maneira específica, ser informados, sensibilizados e mobilizados, seja por meio de cartazes, palestras, treinamento ou reuniões.

"Queremos sempre que o programa seja duradouro. Para isso, precisa ser muito bem estruturado", comenta Ana Maria.

A implantação – É neste momento que tudo começa a "acontecer" – da elaboração do material educativo ao treinamento dos funcionários, passando pelo acordo com compradores ou entidades, que receberão o lixo selecionado.

Depois de tudo acertado, a inauguração do programa pode ser marcada por um grande evento, como uma festa. O tom de alegria ajuda na transmissão das principais informações.

No Saint Paul, o início da primavera foi comemorado com uma festa que lembrou o tema "coleta seletiva". A programação incluiu uma palestra sobre o meio ambiente; oficinas de reciclagem, onde foram fabricadas cestas de jornal; além da projeção de vídeos sobre o assunto.

"Para incentivar a campanha de coleta seletiva, temos de fazer comemorações e envolver a comunidade por meio de atividades", diz Odete.

A manutenção – Para que, depois de implantado, o projeto de coleta seletiva não perca a "força", é importante continuar planejando atividades de informação e sensibilização entre os moradores e funcionários. Fazer com que as informações sobre os resultados e o andamento do programa sejam de conhecimento geral é fundamental para a manutenção dele.

"Normalmente, quem toma parte num programa ambiental, por conta do lixo, começa a se envolver em todos os sentidos. Abre os olhos para o que nunca tinha percebido e começa a tomar consciência de outras coisas, como: a água, a energia e esgoto", acredita Ana Maria.

Dicas rápidas

- Toda embalagem reciclável, antes de ser jogada no lixo seletivo, deve ser lavada para não atrair insetos, nem ficar com cheiro forte, enquanto estiver armazenada no prédio.
- Para tirar o grosso da sujeira das embalagens que serão destinadas à coleta seletiva, aproveite a água servida da pia da cozinha. Isso também faz parte do comportamento ecológico, porque a água é um recurso cada vez mais escasso.
- A compra de lixeiras especiais é dispensável, pelo menos no momento inicial do projeto. Evite gastos!
- Qualquer cantinho disponível, na garagem ou espaços livres debaixo das escadas, é suficiente para armazenar o material reciclável do prédio.
- Os restos de alimento também podem ser reciclados. Com poucos recursos é possível transformá-los em adubo.
- Não jogue as baterias de celular no lixo comum. As empresas produtoras já estão se responsabilizando pelo recolhimento.
- As pilhas usadas, embora tenham substâncias tóxicas, infelizmente ainda não têm um destino adequado. Por enquanto, têm de ser jogadas no lixo comum. Evite acumulá-las para não haver contaminação.
- Não separe o lixo sem ter planejado primeiro para onde mandar.

Agora, para saber mais informações detalhadas de como implantar a coleta seletiva no seu condomínio, entre em contato com:

- Instituto GEA - www.institutogea.org.br
- Instituto Recicle Milhões de Vidas - www.reciclevidas.org

Glossário

Adubo orgânico e mineral. (1) Matéria que se mistura à terra para corrigir deficiências e aumentar a fertilidade. Os adubos orgânicos contribuem para aumentar de forma imediata o húmus do solo. Os adubos minerais completam e enriquecem as matérias nutritivas, como o potássio e o cálcio. (2) Adubo orgânico é considerado como restos de alimentos vegetais e esterco de animais que se misturam à terra para fertilizá-la.

Adubo químico. Substância química que se mistura à terra para fertilizá-la.

Aerossol. (1) Solução coloidal em que a fase dispersora é gasosa e a fase dispersa é sólida ou líquida. (2) Conjunto de gotículas que escapam da lei da gravidade, com tendência a se elevarem para a atmosfera. Podem estar presentes nos nevoeiros naturais ou no smog. (3) Embalagem de um produtos (tinta, desodorante, medicamentos) que deve ser usado sob forma de aerossol. As latas de aerossóis freqüentemente contém gases como o CFC que podem atingir a camada de ozônio, permitindo a entrada de raios ultravioletas.

Agenda 21. Documento aprovado pela comunidade internacional, durante a Rio-92, que contém compromissos para mudança do padrão de desenvolvimento no século XXI. Resgata o termo "Agenda" no seu sentido de intenções, desígnio, desejo de mudanças para um modelo de civilização em que predomine o equilíbrio ambiental e a justiça social entre as nações. Além de um documento, a Agenda 21 é um processo de planejamento participativo que analisa a situação atual de um país, estado, município e/ou região, e planeja o futuro de forma sustentável. Esse processo de planejamento deve envolver todos os atores sociais na discussão dos principais problemas e na formação de parcerias e compromissos para a sua solução a curto, médio e longo prazos. A análise e o encaminhamento das propostas para o futuro devem ser feitos dentro de uma abordagem integrada e sistêmica das dimensões econômica, social, ambiental e político-institucional. Em outras palavras, o esforço de planejar o futuro, com base nos princípios de Agenda 21, gera produtos concretos, exeqüíveis e mensuráveis, derivados de compromissos pactuados entre todos os atores. A sustentabilidade dos resultados fica, portanto,assegurada.

Agentes da erosão. Conjunto de forças que contribuem para o desenvolvimento da erosão do relevo. Os agentes de erosão são, na sua maior parte, de origem climática, tais como variações de temperatura, insolação, variações de umidade, chuvas e ventos.

Agroflorestas. Sistemas produtivos nos quais a produção de bem (ns) florestal(is) está associada à produção de alimentos para o homem. São constituídas numa determinada área, por várias espécies perenes, envolvendo espécies arborescentes madeiráveis (para uso local ou abastecimento de indústrias do setor florestal), espécies frutíferas, condimentares, medicinais, melíferas, café, cacau, espécies de uso múltiplo, etc.

Agrotóxico. (1) Produto químico destinado a combater as pragas da lavoura (insetos, fungos, etc.). O uso indiscriminado prejudica os animais e o próprio homem. (2) Nome adotado pela imprensa para os produtos caracterizados como defensivos agrícolas ou biocidas; produtos químicos utilizados para proteger as plantas combatendo e prevenindo pragas e doenças agrícolas. Em princípio, todos os defensivos são tóxicos em maior ou menor grau, dependendo da composição química, período de carência (tempo de ação) tipo de plantação, dosagens, adequação do uso e outros fatores. Os clorados estão proibidos. O grau de toxicidade é informado pela cor das embalagens: vermelho, altamente tóxico; amarelo, medianamente tóxico; azul tóxico; verde, pode ser tóxico.

Alimentos Transgênicos . São criados em laboratórios com a utilização de genes de espécies diferentes de animais, vegetais ou micróbios. A nova tecnologia permite, por exemplo, introduzir um gene humano em um porco, ou um gene de rato, de peixe, de bactéria ou de vírus em espécies de arroz, soja, milho ou trigo. O resultado é um produto transgênico. Só de olhar não dá para perceber a diferença entre um alimento natural e um transgênico Mas o transgênico pode possuir substâncias que fazem mal à nossa saúde e prejudicam o ambiente. Os próprios cientistas e médicos ainda têm muitas dúvidas quanto aos riscos que correm as pessoas que consomem alimentos transgênicos.

Aluminio. (1) Metal branco, prateado, com número atômico 13, leve, mole, dúctil, resistente a corrosão. É extraído da bauxita e seu processamento é caro e poluidor. É uma das substâncias contidas na chuva ácida que contamina rios, lagos, peixes, aves e no fim da cadeia alimentar, os seres humanos.

Ambientalista. (1) Termo criado para traduzir *environmentalist*, para nomear a pessoa interessada ou preocupada com os problemas ambientais e a qualidade do meio ambiente ou engajada em movimento de defesa do meio ambiente. Também usado para designar o especialista em ecologia humana. (2) Pessoa que é partidária do ambientalismo. Incluem-se entre os ambientalistas, normalmente, pessoas das mais diferentes origens, mas particularmente aquelas que exercem atividades ligadas aos ambientes naturais, e assim mais afetadas aos diversos imapctos ambientais ou conscientes de sua gravidade. Especialista em questões ambientais.

Animais ameaçados de extinção. Espécies de animais com indício ou evidência de declínio em sua população original.

Animais extintos. São animais que pela ação sistemática do homem ou por motivos naturais são eliminados, extintos.

Apodrecimento. Processo de perda gradual de certas caraterísticas da madeira ou de qualqer outro tipo de material que são afetados pela podridão evolutiva.

Aquecimento global. Fenômeno causado, segundo alguns cientistas, por uma mudança no efeito estufa, que estaria aumentando a temperatura da Terra, devido às emissões excessivas de gases tóxicos, como o dióxido de carbono. As conseqüências mais graves seriam o derretimento de parte das calotas polares, mudança do clima e grandes inundações.

Área degradada. Uma área que por ação própria da natureza ou por uma ação antrópica perdeu sua capacidade natural de geração de benefícios.

Área saturada. Porção de uma região de controle da qualidade do ar em que um ou mais padrões de qualidade do ar estejam ultrapassados.

Área natural sob proteção. Áreas naturais são protegidas como forma de manutenção da biodiversidade, para pesquisas científicas e para manutenção de ecossitemas.

Assentamento humano. A ocupação, organização, equipamento e utilização do espaço para adptá-lo às necessidades humanas de produção e habitação.

Assentamento rural. (1) Área de terras de tamanho limitado, subdividida em lotes ou parcelas rurais destinada a assentar famílias de produtores rurais sem terra ou com pouca terra, de acordo com projeto de viabilidade econômica social, conforme a capacidade de uso dos solos, as possibilidades mercadológicas regionais e o potencial da força de trabalho das famílias assentadas. (2) Imóvel rural desapropriado e parcelado para colocação de famílias de agricultores sem-terra em lotes rurais dimensionados de modo a proporcionar a reinserção dessas ao processo rural produtivo que, através de créditos especiais, infraestrutura e assistência técnica alcancem sua viabilização e emancipação econômica.

Aterro. (1) Aterrar com terra. Pode ser artificial, quando realizado pelo homem e natural, quando ocorre por forças da natureza, como deslizamento, aluvionamento. O aterro natural, em geral, provoca formação de acrescidos aos terrenos alodiais, à beira mar, margens de rios e altera o rumo de linhas divisórias. (2) Disposição dos resíduos sólidos no solo e sua cobertura com terra, numa freqüência semanal ou maior, de maneira a não ocasionar prejuízo ao ambiente e à saúde pública.

Aterro energético. Forma peculiar de aterro sanitário em que são tecnicamente instalados drenos para captar e reunir o gás produzido pela decomposição da matéria orgânica (processo anaeróbio). O gás assim produzido pode ser aproveitado para múltiplos usos, como forma de energia alternativa. O aterro energético deve obedecer a especificações técnicas apropriadas, inclusive para seu correto aproveitamento.

Aterro sanitário. (1) Sistema empregado para a disposição final dos resíduos sólidos sobre a terra, os quais são espalhados e compactados e diariamente cobertos com terra. (2) Área onde está localizado um depósito de lixo construído segundo normas técnicas, para evitar riscos de contaminação.

Atividade agrícola. Produção, o processamento e a comercialização dos produtos, subprodutos e derivados, serviços e insumos agrícolas, pecuários, pesqueiros e florestais; compreende processos físicos, químicos e biológicos, onde os recursos naturais envolvidos devem ser utilizados e gerenciados, subordinando-se às normas e princípios de interesse público, de forma que seja cumprida a função social e conômica da propriedade (Lei 8.171/91).

Atividade poluidora. Qualquer atividade utilizadora de recursos ambientais capaz, atual ou potencialmente, de causar poluição ou degradação ambiental. É eminentemente antrópica, ou seja, decorre das atividades humanas.

Atmosfera. É a camada de ar que envolve o planeta. É dividida em vários estratos, mas se pode dizer que a atmosfera propriamente dita situa-se numa faixa a 800 km do solo.

Auditoria ambiental. (1) Instrumento de política ambiental que consiste na avaliação e documentação sistemática das instalações e das práticas operacionais e de manutenção de uma atividade poluidora, com o objetivo de verificar: a obediência aos padrões de controle e qualidade ambiental; os riscos de poluição acidental e a eficiência das respectivas medidas preventivas; o desempenho dos gerentes e operários nas ações referentes ao controle ambiental; a pertinência dos programas de gestão ambiental interna ao empreendimento. (2) Processo de verificação, de natureza voluntária ou compulsória, que visa a avaliar a gestão ambiental de uma atividade econômica, analisando seu desempenho ambiental, e verificando, entre outros fatores, o grau de conformidade com a legislação ambiental vigente e com a própria política ambiental da instituição. A prática de Auditoria Ambiental pode ser de natureza interna (como instrumento de gestão ambiental da empresa) ou externa (como meio de se obter uma certificação ambiental para a empresa).

Avaliação de impacto ambiental. Processo de avaliação dos impactos ecológicos, econômicos e sociais que podem advir da implantação de atividades antrópicas (projetos, planos e programas), e de monitoramento e controle desses efeitos pelo poder público e pela sociedade (ARRUDA *et allii*, 2001).

Bem-estar social. É o bem comum, o bem da maioria, expresso sob todas as formas de satisfação das necessidades coletivas. Nele se incluem as exigências naturais e espirituais dos indivíduos coletivamente considerados: são as necessidades vitais da comunidade, dos grupos, das classes que compõem a sociedade (MEIRELES, 1976).

Biodegração. Decomposição por processos biológicos naturais. Substâncias biodegradáveis são aquelas que podem ser decompostas por este tipo de processo.

Biodegradável. (1) Substância que se decompõe, perdendo suas propriedades químicas nocivas em contato com o meio ambiente. É uma qualidade que se exige de determinados produtos (detergentes, sacos de papel, etc.). (2) Produtos susceptíveis de se decompor por microorganismos (LEMAIRE & LEMAIRE, 1975). (3) Um grande número de substâncias dispersas no meio ambiente são instáveis. Em muitos casos, os microorganismos, bactérias - edáficos ou aquáticos desempenham um papel ativo nessa decomposição; diz-se então que a substância é biodegradável (CHARBONNEAU, 1979).(4) Tudo que pode ser decomposto por microorganismos.

Biodiversidade. (1) Referente à variedade de vida existente no planeta, seja terra ou água. (2) Variedade de espécies de um ecossistema. (3) É o conjunto de todas as espécies de plantas e animais e de seus ambientes naturais, existentes em uma determinada área. (4) Termo que se refere á variedade de genótipos, espécies, populações, comunidades, ecossistemas e processos ecológicos existentes em uma determinada região. Pode ser medida em diferentes níveis: genes, espécies, níveis taxonômicos mais altos, comunidades e processos biológicos, ecossistemas, biomas, e em diferentes escalas temporais e espaciais (ARRUDA *et allii*, 2001).

Biosfera. (1) Conjunto formado por todos os ecossistemas da Terra. Constitui a porção do planeta habitada por seres vivos. (2) Região do planeta que encerra seres vivos e onde a vida é possível de modo permanente. É constituída pela crosta terrestre, pelas águas oceânicas e pela atmosfera. (3) Sistema integrado de organismos vivos e seus suportes, compreendendo o envelope periférico do planeta Terra com a atmosfera circundante, estendendo-se para cima e para baixo até onde exista naturalmente qualquer forma de vida.

Botânica. Ciência que tem por objeto o conhecimento dos vegetais, a descrição dos seus caracteres e sua classificação.

Buraco de ozônio. Um fenômeno localizado de depreção significativa de ozônio numa faixa da alta atmosfera conhecida por camada de ozônio.

Cadeia alimentar. (1) Conjunto de organismos existentes em uma comunidade natural, tal que cada elo na cadeia se alimenta do elo que está abaixo e é devorado pelo que está acima. Raramente há mais de seis elos numa cadeia, com os organismos autótrofos na base e os grandes carnívoros no ápice. (2) Transferência de energia entre os seres vivos (das plantas ao homem) sob a forma de alimento. Numa cadeia alimentar simples, as plantas servem de alimento para um herbívoro, que por sua vez alimenta um carnívoro. Há muitas cadeias alimentares (também chamadas de tróficas), que devido à complexidade da natureza apresentam diversas conexões e se transformam em teias alimentares. (3) Em ecologia, a seqüência de tranferência de energia, de organismo para organismo, em forma de alimentação. As cadeias alimentares se entrelaçam, num mesmo ecossistema, formando redes alimentares, uma vez que a maioria das espécies consomem mais de um tipo de animal ou planta. A transferência de energia alimentícia desde a origem, nas plantas, através de uma série de organismos, com as reiteradas atividades alternadas de comer e ser comido, chama-se cadeia alimentar (ODUM, 1972). (4) Relação trófica que ocorre entre os seres vivos que compõem um ecossistema, mediante a qual se transfere a energia de um organismo ao outro. A cadeia alimentar começa por organismos produtores que obtêm a energia necessária do Sol, e/ou das substâncias minerais simples. Em seguida, envolve os consumidores de várias ordens.

Camada de ozônio. (1) Situada na estratosfera, funciona como um filtro que atenua o efeito dos raios ultravioletas sobre a Terra. A redução do ozônio tem sido apontada como responsável pelo aumento dos casos de cegueira e câncer de pele no hemisfério Norte. (2) Camada com cerca de

20 km de espessura, distante 25 km da Terra, localizada na estratosfera, que concentra cerca de 90% de ozônio atmosférico e protege nosso planeta dos efeitos nocivos da radiação ultravioleta proveniente do sol.

Carbono 14. Isótopo radioativo do carbono com peso atômico 14, produzido pelo bombardeamento de átomos de nitrogênio 14, por raios cósmicos. Hoje em dia, é intensamente utilizado na determinação da idade de substâncias carbonosas ou carbonáticas de idade inferior a cerca de 30.000 anos. A meia vida deste elemento radioativo é de 5700 $\pm$ 30 anos.

Carcinicultura. Cultivo de camarão.

Carvão. Substância combustível sólida, negra, resultante da combustão incompleta de materiais orgânicos. Carvão mineral.

Celulose. (1) Composto orgânico hidrocarbonado (C6H10O5), que constitui a parte sólida dos vegetais e principalmente das paredes das células e das fibras. Extraída da madeira, utiliza-se na fabricação de papel, seda artificial, etc. (2)Substância obtida pela dissolução e desidratação do principal componente da parede da célula vegetal, mediante processos mecânicos e químicos, e destinada a servir de matéria-prima para a produção do papel, papelão, plástico, etc (Instrução Normativa IBDF 1/80 e Portaria Normativa IBDF 302/84).

Chorume. (1) Líquido escuro e com alta carga poluidora, resultante da decomposição do lixo. (2) Líquido produzido pela fermentação e decomposição de matéria orgânica muito poluente. (3) Resíduo líquido proveniente de resíduos sólidos (lixo), particularmente quando dispostos no solo, como, por exemplo, nos aterros sanitários. Resulta principalmente da água de chuva que infiltra, e da decomposição biológica da parte orgânica dos resíduos sólidos. É altamente poluidor.

Ciclo da água ou Ciclo hidrológico das águas. (1) Ciclo que faz circular toda a água do mundo e que funciona graças ao Sol que, com seu calor, provoca a evaporação de água dos oceanos, lago, rios, etc. Quando o vapor se resfria e se condensa, surgem as nuvens, que são carregadas pelo vento. Depois que as nuvens saturam, a água cai na forma de chuva ou neve. (2) O processo da circulação das águas da Terra, que inclui os fenômenos de evaporação, precipitação, transporte, escoamento superficial, infiltração, retenção e percolação. Sucessão de fases percorridas pela água ao passar da atmosfera à terra, e vice-versa: evaporação do solo, do mar e das águas continentais; condensação para formar nuvens; precipitação, acumulação no solo ou nas massas de água; escoamento direto ou retardado para o mar e a evaporação (DNAEE, 1976). (3) Processos de circulação das águas que inclui os fenômenos de evaporação, precipitação, transporte, escoamento superficial, infiltração, retenção e percolação.

Ciclo da decomposição. Tudo o que morre constitui a dieta de um grupo de organismos denominados decompositores, como os fungos e bactérias. Ao se alimentar, eles dividem o material morto em pedaços cada vez menores, até que todas as substâncias químicas sejam liberadas no ar, solo e água para aproveitamento posterior.

Ciclo do carbono. O carbono é encontrado nos corpos de todos os seres vivos, nos oceanos, no ar e no solo. No ar, combinado com o oxigênio, forma o dióxido de carbono (CO^2). As plantas retiram o carbono do ar, transformando-o em carboidratos, uma fonte de energia para os animais. No solo, nos ossos e nas carcaças dos animais, o carbono é encontrado como carbonato de cálcio. O carbono volta à atmosfera por meio da decomposição.

Ciclo do nitrogênio. O nitrogênio constitui 78% da atmosfera da terra, mas só pode ser aproveitado como fonte de energia para os seres vivos depois de transformado em nitrato pela ação de bactérias. Os nitratos, solúveis em água, são captados pelas raízes das plantas, que por sua vez o repassam aos animais. Outras bactérias transformam parte do nitrato que não é consumido pelas plantas novamente em gás nitrogênio, completando o ciclo.

Clonagem. (1) Produção de clones. (2) Replicação de um genoma de forma idêntica, logo sem reprodução sexual. O organismo criado (clone) é uma cópia genética do organismo do qual o genoma foi retirado. O clone conterá somente os cromossomos da célula original, e portanto será idêntico a esta.

Coleta seletiva. Forma diferenciada de coletar os resíduos onde o lixo seco ou reciclável é separado na origem e recolhido em coleta especial.

Coliformes fecais. Bactéria do grupo *coli* encontrada no intestino de homens e animais, comumente utilizada como indicador da contaminação por matéria orgânica de origem animal.

Combustão. (1) Processo de combinação de uma substância com o oxigênio, em geral exotérmico e auto - sustentável. (2) O processo de queima de uma fonte combustível como a madeira, carvão, óleo ou gasolina.

Compostagem. (1) Reaproveitamento da fração orgânica do lixo transformando-o em adubo orgânico. (2) Técnica que consiste em deixar fermentar uma mistura de restos orgânicos vegetais e animais, a fim de se obter um produto homogêneo (o composto) de estrututra grumosa, muito rica em humos e microorganismos, que é incorporada ao solo a fim de melhorar a estrutura deste, as suas características e a riqueza em elementos fertilizantes. (3) Método de tratamento dos resíduos sólidos (lixo), pela fermentação da matéria orgânica contida nos mesmos, conseguindo-se a sua estabilização, sob a forma de um adubo denominado " composto" . Na compostagem normalmente sobram cerca de 50% de resíduos, os quais devem ser adequadamente dispostos.

Composto orgânico. É um produto homogêneo obtido através de processo biológico pelo qual a matéria orgânica existente nos resíduos é convertida em outra, mais estável, pela ação principalmente de microorganismos já presentes no próprio resíduo ou adicionado por meios de inoculantes.

Conservação da natureza. (1) Utilização racional dos recursos naturais renováveis (ar, água, solo, flora e fauna) e um rendimento máximo dos não renováveis (jazidas minerais), de modo a produzir o maior benefício sustentado para as gerações atuais, mantendo suas potencialidades a fim de satisfazer as necessidades das gerações futuras. (2) A proteção de recursos naturais renováveis e seu manejo para utilização sustentada e de rendimento ótimo (CIESP, 1980). (3)Entende-se por conservação da natureza o manejo da biosfera, compreendendo a preservação, manutenção, utilização sustentável, restauração e melhoria do ambiente natural (ARRUDA *et allii*, 2001).

Contaminação. (1) A ação ou efeito de corromper ou infectar por contato. Termo usado, muitas vezes, como sinônimo de poluição, porém, quase sempre empregado em relação direta à efeitos sobre a saúde do homem. (2) Introdução, no meio, de elementos em concentrações nocivas à saúde humana, tais como: organismos patogênicos, substâncias tóxicas ou radioativas - Ação ou efeito de corromper ou infectar por contato. Termo, muitas vezes, como sinônimo de poluição, porém quase sempre empregado em relação direta a efeitos sobre a saúde do homem.

Contaminação atmosférica. Qualquer tipo de impureza do ar, em particular a originada pelas emanações de gases tóxicos de indústrias, do tráfego terrestre, marítimo ou aéreo.

Contaminação das águas. Poluição decorrente do despejo de águas residuais liberadas pelas indústrias e residências.

Contaminação do mar. Poluição decorrente de acidentes como vazamento de petróleo e também pelo despejo de produtos residuais provenientes de indústrias.

Contaminante. Uma partícula que suja o ar. É sinônimo de poluente.

Controle ambiental. Conjunto de ações tomadas visando manter em níveis satisfatórios as condições do ambiente. O termo pode também se referir à atuação do Poder Público na orientação, correção, fiscalização e monitoração ambiental de acordo com as diretrizes administrativas e as leis em vigor.

Cooperação. Os princípios de cooperação e parceria aparecem como conceitos-chave operacionais no processo de implementação da Agenda 21. Em todo o documento, há uma forte ênfase na cooperação entre países, entre diferentes níveis de Governo, nacional e local, e entre os diferentes segmentos da sociedade.

Decomposição. *Em Biologia* - Processo de conservação de organismos mortos, ou parte destes, em substâncias orgânicas e inorgânicas, através da ação escalonada de um conjunto de organismos (necrófagos, detritívoros, saprófafos, decompositores e saprófitos propriamente ditos) (ACIESP, 1980). *Em Geomorfologia* - Alterações das rochas produzidas pelo intemperismo químico (GUERRA 1978).

Degradação. (1) Rebaixamento da superfície de um terreno por processos erosivos, especialmente pela remoção de materiais através da erosão e do transporte por água corrente, em contraposição a *agradação.* (2) Alteração adversa das características do meio ambiente (Lei 6.938/81). (3) Processos resultantes dos danos ao meio ambiente, pelos quais se perdem ou se reduzem algumas de suas propriedades, tais como, a qualidade ou capacidade produtiva dos recursos ambientais (Decreto 97.632/89).

Degradação ambiental. (1) Prejuízos causados ao meio ambiente, geralmente resultante de ações do homem sobre a natureza. Um exemplo é a substituição da vegetação nativa por pastos. (2) Termo usado para qualificar os processos resultantes dos danos ao meio ambiente, pelos quais se perdem ou se reduzem algumas de suas propriedades, tais como a qualidade ou a capacidade produtiva dos recursos ambientais. (3) Degradação da qualidade ambiental - a alteração adversa das características do meio ambiente (Lei nº 6.938/81, art. 3º, II). (4) A degradação do ambiente ou dos recursos naturais é comumente considerada como decorrência de ações antrópicas, ao passo que a deterioração decorre, em geral, de processos naturais.

Degradação do solo. Compreende os processos de salinização, alcalinização e acidificação que produzem estados de desequilíbrio físico-químico no solo.

Densidade de população. Razão entre o número de habitantes e a área da unidade espacial ou político-administrativa em que vivem, expressa em habitantes por hectare ou quilômetro quadrado. A densidade de população é também usada, em ecologia, para o cálculo da densidade de um conjunto de indivíduos de uma mesma espécie. É um índice que mede o volume da população em relação a um território (SAHOP, 1978). É a grandeza desta em relação a alguma unidade espacial. Exemplificando, o número de indivíduos ou da biomassa da população, por unidade de superfície ou de volume (CARVALHO, 1981).

Desenvolvimento sustentado (ONU). (1) Definido pela Comissão Brundtland - ONU como sendo desenvolvimento social, econômico e cultural, que atende às demandas do presente sem comprometer as necessidades do futuro. Desenvolvimento sem comprometimento dos ecossistemas. (2) É o desenvolvimento que atende da melhor forma possível as necessidades atuais e futuras do homem, sem afetar o ambiente e a diversidade biológica.

Desenvolvimento sustentável. (1) Aquele que harmoniza o imperativo do crescimento econômico com a promoção da eqüidade social e preservação do patrimônio natural, garantindo assim que as necessidades das atuais gerações sejam atendidas sem comprometer o atendimento das necessidades das gerações futuras. (2) Padrão de desenvolvimento, no qual o crescimento da economia e a geração de riquezas estão integrados à preservação do ambiente, ao manejo adequado dos recursos naturais, assim como ao direito dos indivíduos à cidadania e à qualidade de vida. (3) Tipo de desenvolvimento que satisfaz as necessidades econômicas do presente sem comprometer a capacidade das futuras gerações. Leva em consideração, além dos fatores econômicos, aqueles de caráter social e ecológico, assim como as disponibilidades dos recursos naturais a curto e a longo prazo.(4) Forma socialmente justa e economicamente viável de exploração do ambiente que garanta a perenidade dos recursos naturais renováveis e dos processos ecológicos, mantendo a diversidade biológica e os demais atributos ecológicos em benefício das gerações futuras e atendendo às necessidades do presente (ARRUDA *et allii*, 2001).

Desertificação. (1) Transformação de terras cultiváveis em desertos pelo manejo incorreto do solo. O fenômeno resulta na redução do potencial agrícola do planeta. (2) Processo de degradação do solo, natural ou provocado por remoção da cobertura vegetal ou utilização predatória, que devido a condições climáticas e edáficas peculiares, acaba por transformá-lo em um deserto; a expansão dos limites de um deserto. Alterações ecológicas que despojam a terra de sua capacidade de sustentar as atividades agropecuárias e a habitação humana (SAHOP, 19780)

Desmatamento/ desflorestamento. (1) Prática de corte, capina ou queimada que leva à retirada da cobertura vegetal existente em determinada área, para fins de pecuária, agricultura ou expansão urbana. (2) Destruição, corte e abate indiscriminado de matas e florestas, para comercialização de madeira, utilização dos terrenos para agricultura, pecuária, urbanização, qualquer obra ou atividade econômica ou obra de engenharia. São derrubadas de grandes quantidades de árvores, sem a reposição devida, em que provocam desfolhamento e intemperismo (CARVALHO, 1981). (3) Corte, capina ou queimada que destrói a cobertura florestal de uma dada região, dando lugar à criação de pasto, às terras agricultáveis ou à expansão urbana.

Diversidade. Usado atualmente em vários sentidos. (1) Número de espécies que ocorrem em uma amostra tirada em uma unidade de área, volume de água, certo número de indivíduos, etc; ou que são apanhados por um certo tipo de armadilha em uma unidade de tempo ("diversidade alfa"). (2) O grau de rotatividade (mudança) em espécies ao longo de um gradiente ecológico ("diversidade beta"). (3) O número total de espécies em uma paisagem contendo um ou mais gradientes ecológicos ("diversidade gama"). (4) Índice que representa o aumento de espécies com aumento do tamanho da amostra. (5) Alguma função combinando riqueza de espécies com equitabilidade.

Diversidade biológica. (1) Variedade entre organismos vivos de todas a origens, incluindo ecossistemas terrestres, marinhos e outros ecossistemas aquáticos e os complexos ecológicos dos quais eles fazem parte. Isso inclui diversidade dentre uma mesma espécie, entre espécies diferentes e entre ecossistemas. (2) Variedade de indivíduos, comunidades, populações, espécies e ecossistemas existentes em uma determinada região (Resolução CONAMA 012/94).

Drenagem. (1) Coleta do excesso de água do solo e sua condução para rios ou lagoas, através de canais fechados ou abertos. (2) Remoção da água superficial ou subterrânea de um área determinada, por bombeamento ou gravidade.

ECO 92. (1) Conferência Internacional das Nações Unidas sobre Meio Ambiente e Desenvolvimento, que foi realizada no estado do Rio de Janeiro em 1992. A Eco 92 proclamou que os seres humanos estão no centro das preocupações sobre desenvolvimento sustentável e têm direito a uma vida saudável, produtiva e em harmonia com a natureza. (2) Denominação comum da Conferência das Nações Unidas sobre Meio Ambiente e Desenvolvimento de 1992, denominada internacionalmente de 1992 *Earth Summit on Environment and Development.* Aconteceu em junho de 1992, na cidade do Rio de Janeiro. Foi a maior reunião já realizada em toda a história humana por qualquer motivo. A Rio-92 reuniu mais de 120 Chefes de Estado e representantes no total de mais de 170 países. Foram elaborados cinco documentos, assinados pelos Chefes de Estado e representantes: *a Declaração do Rio, a Agenda 21, a Convenção sobre Diversidade Biológica, a Convenção sobre Mudança do Clima e a Declaração de Princípios da Floresta.*

Ecodesenvolvimento. (1) Visão moderna de desenvolvimento que procura utilizar os conhecimentos culturais, biológicos, sociais e políticos de uma região, evitando a agressão ao meio ambiente. (2) O ecodesenvolvimento se define como um processo criativo de transformação do meio com a ajuda de técnicas ecologicamente prudentes, concebidas em função das potencialidades deste meio, impedindo o desperdício inconsiderado dos recursos, e cuidando para que estes sejam empregados na satisfação das necessidades de todos os membros da sociedade, dada a diversidade dos meios naturais e dos contextos culturais. (3) É uma técnica de planejamento que busca articular dois objetivos. Por um lado, objetivo do desenvolvimento, a melhoria da qualidade de vida, através do incremento da produtividade; por outro, o objetivo de manter em equilíbrio o ecossistema onde se realizam essas atividades (SAHOP, 1978).

Ecologia. (1) Ciência que estuda as relações dos seres vivos entre si e com o ambiente que os cerca. (2) O termo Ecologia foi criado por Hernest Haekel (1834-1919) em 1869, em seu livro ¨Generelle Morphologie des Organismen¨, para designar o estudo das relações de um organismo com seu ambiente inorgânico ou orgânico, em particular, o estudo das relações do tipo positivo ou amistoso e do tipo negativo (inimigos) com as plantas e animais com que convive (HAEKEL *apud* MARGELEF, 1980). (3) Ecologia é a ciência ou o estudo dos organismos em sua casa, isto é em seu meio, define-se como o estudo das relações dos organismos, ou grupos de organismos, com seu meio. Está em maior consonância com a conceituação moderna definir Ecologia como estudo da estrutura e da função da natureza, entendendo-se que o homem dela faz parte (ODUM, 1972).

Ecologia humana. É o estudo das interrelações dinâmicas entre o homem e os aspectos físicos, bióticos, sociais e culturais do seu ambiente (BOYDEN *et al.*, 1981).

Ecossistema. (1) Ambiente em que há a troca de energia entre o meio e seus habitantes. (2) É o conjunto dos seres vivos e do seu meio ambiente físico, incluindo suas relações entre si.

Educação ambiental. (1) Todo o processo educativo, que utiliza metodologias diversas, alicerçadas em base científica, com objetivo de formar indivíduos capacitados a analisar, compreender e julgar problemas ambientais, na busca de soluções que permitam ao homem coexistir de forma harmoniosa com a natureza. (2) Processo de aprendizagem e comunicação de problemas relacionados à interação dos homens com seu ambiente natural. É o instrumento de formação de uma consciência, através do conhecimento e da reflexão sobre a realidade ambiental (FEEMA/ Assessoria de Comunicação, informação pessoal, 1986). (3) O processo de formação e informação social orientado para: (I) o desenvolvimento de consciência crítica sobre a problemática ambiental, compreendendo-se como crítica a capacidade de captar a gênese e a evolução dos problemas ambientais, tanto em relação aos seus aspectos biofísicos, quanto sociais, políticos, econômicos e culturais; (II) o desenvolvimento de habilidades e instrumentos tecnológicos necessários à solução dos problemas ambientais; (III) o desenvolvimento de atitudes que levem à participação das comunidades na preservação do equilíbrio ambiental (Proposta de Resolução CONAMA nº02/85).

Educação e desenvolvimento individual. A Agenda 21 enfatiza a capacitação individual, nas áreas de programa que acompanham os capítulos temáticos, ressaltando a necessidade de ampliar o horizonte cultural e o leque de oportunidades para os jovens. Há em todo o texto um forte apelo para que governos e organizações da sociedade promovam programas educacionais que propiciem uma tomada de consciência dos indivíduos sobre a necessidade de se pensar nos problemas comuns a toda a humanidade. Busca-se, ao mesmo tempo, incentivar o engajamento em ações concretas nas comunidades.

Efeito estufa. (1) Fenômeno de aquecimento da superfície terrestre de grande comprimento de onda, que é absolvida e reemitida pelo gás carbônico e vapor de água na baixa atmosfera, eventualmente retornando à superfície. Embora ainda seja um assunto sujeito a controvérsias, alguns pesquisadores admitem que o efeito estufa poderia causar a fusão parcial das geleiras polares, ocasionando importante subida dos níveis oceânicos nos próximos decênios. (2) Aquecimetno da superfície terrestre provocado pelo aumento da concentração de certos gases na atmosfera (gás carbônico e metano), o que altera o equilíbrio termodinâmico do planeta.

El niño. (1) Fenômeno da inversão das correntes do Pacífico Equatorial e que pode ser verificado na época próxima ao natal. Esse fenômeno provoca em vários países graves conseqüências climáticas, como períodos severos de seca, trombas-d'água no Pacífico, ciclones, tornados e chuvas violentas. Nas condições normais, os ventos sopram do leste ao oeste no Pacífico Equatorial. Em outras condições, ligadas a uma alta considerável da temperatura das águas do Pacífico, as correntes de ventos se invertem, afetando o clima mundial. El Niño em espanhol significa "¨O Menino¨, em referência ao Menino Jesus.

Emigração. Deslocamento irreversível que certas espécies realizam de um local para outro, onde passam a habitar e se reproduzir, contribuindo para a sua dispersão ecológica e geográfica.

Emissão. (1)Liberação ou lançamento de contaminantes ou poluentes no ar. As emissões são provenientes dos motores de veículos e das chaminés de fabricas.(2) Escoamento de matérias gasosas tóxicas.

Emissário. Coletor que transporta esgoto de um ponto a outro sem receber contribuições durante o percurso.

Energia alternativa.(1) Fontes de obtenção de energia que sejam mais limpas (menos impactantes ao meio ambiente) e renováveis têm sido pesquisadas e desenvolvidas com alguma intensidade nas últimas décadas. (2) Energia obtida de fontes diferentes das usadas nas grandes usinas comerciais, que atualmente são as usinas térmicas convencionais, as hidroelétricas e as nucleares. Ela vem de usinas geralmente pequenas, geram pouca poluição, e normalmente utilizam fontes renováveis. Os princiapis tipos atuais são a energia solar, eólica, das marés, geotérmica, das ondas e da biomassa.

Energia de biomassa. Energia obtida a partir de matéria animal e vegetal. Quando se classifica a energia de biomassa como energia alternativa, refere-se à biomassa renovável. Como exemplos, temos o álcool combustível, obtido a produzido dos resíduos orgânicos e do lixo proveniente das atividades humanas, através do biodigestor.

Energia de maré. Em regiões costeiras de profundidades inferiores a 100m, grande parte da energia de maré é dissipada por atrito, e desta maneira a energia de maré é máxima em mar aberto. Esta energia pode ser utilizada na produção de energia elétrica através das *usinas elétricas de maré.*

Energia de onda. Energia expressa pela capacidade de trabalho da onda. A energia de um sistema de ondas é teoricamente proporcional ao quadrado da altura da onda, que é um parâmetro de obtenção relativamente fácil. Deste modo, uma costa de alta energia de onda caracteriza-se por alturas de arrebentação superiores a 50 cm e uma costa de baixa energia apresenta alturas inferiores a 10 cm. A maior parte da energia de onda de uma região costeira é consumida no atrito com o fundo e na movimentação da areia.

Energia eólica. (1)É a energia obtida pelo movimento do ar/vento. É uma abundante fonte de energia renovável, limpa e disponível em todos os lugares. (2)Tipo de energia que apresenta grandes vantagens, pois não necessita ser implantada em áreas de produção de alimentos, não contribui para o efeito estufa e pode ser aplicada para geração de energia elétrica. O seu funcionamento é simples: pás das hélices gigantes captam o vento acionando uma turbina ligada a um gerador elétrico. Para se usar esse tipo de energia são necessários grandes investimentos para a sua transmissão. Os moinhos podem causar poluição sonora e interferir em transmissões de rádio e televisão.

Energia hidráulica.(1) Energia hídrica. Energia potencial e cinética das águas.(2) Energia proveniente do movimento das águas. É produzido por meio do aproveitamento do potencial hidráulico existente num rio, utilizando desníveis naturais , como quedas d´água ou artficiais produzido pelo desvio do curso original do rio.

Energia hidrelétrica. Energia "limpa" porque não emite poluentes e não influi no efeito estufa. É produzida por uma turbina movida pela energia liberada de uma grande queda d`água que aciona um gerador produtor de energia elétrica. Apresenta dois grandes inconvenientes: o impacto ambiental provocado pelas barragens, que inundam grandes áreas deslocando populações, e o tempo e os recursos que são necessários para sua construção.

Energia mareomotriz. Energia proveniente das ondas do mar

Energia nuclear. Proveniente da divisão do átomo tendo por materia-prima minerais altamente radioativos, como o urânio.

Energia primária. Fontes naturais de energia utilizadas, por exemplo, para a produção de eletricidade.

Energia solar. É a energia proveniente do sol. É uma energia não poluente, renovável, não influi no efeito estufa e não precisa de geradores ou turbinas para a produção de energia elétrica.

Engenharia costeira. Ramo da engenharia civil dedicado às obras de construção de portos, quebra-mares, aterros costeiros, etc. A maior parte das estruturas de engenharia costeira está relacionada à proteção da zona costeira contra os processos de erosão e sedimentação acelerados. Dessa maneira, têm-se os *muros marinhos*, *revestimentos, espigões,* etc. Além de proteção da zona costeira, têm-se diversos problemas ligados à estabilização da linha praial, estabilização de braço de maré e proteção de porto.

Engenharia florestal. Orientada à administração e manejo dos recursos florestais, baseados nos conhecimentos fornecidos pela ciência florestal. O engenheiro florestal maneja e administra as áreas florestais visando à proteção ecológica, à obtenção de produtos florestais (madeira, essências, carvão, látex, resinas, caça, frutos, etc.), à recreação e lazer, ou ainda à obtenção de todos esses benefícios simultaneamente.

Entidade poluidora. (1) Qualquer pessoa física ou jurídica, de direito público ou privado, responsável por atividade ou equipamento poluidor, ou potencialmente poluidor do meio ambiente (Deliberação CECA nº03 de 28.12.77) (2) A pessoa física ou jurídica, de direito público ou privado, responsável, direta ou indiretamente, por atividade causadora de degradação ambiental (Lei nº 6.938 de 31.08.81).

Enxofre. Elemento de número atômico 16 não metálico, cristalino, amarelo, com odor característico. Como o calcário, o nitrogênio ou carbono, o enxofre também se move dentro de ciclos da biosfera. Os sulfatos são a principal fonte de enxofre para os seres vivos, pois são assimilados pelas proteínas, incorporando-se na estrutura da matéria viva.

Equilíbrio. Um dos conceitos mais importantes dentro da ecologia. Um sistema está em equilíbrio quando se efetuam trocas de energia de maneira balanceada, quando efetivo da perda é compensado pelo efetivo do ganho. O desequilíbrio ecológico geralmente é motivado pelo desejo de se obter lucros e rendimento rapidamente. As conseqüências ambientais não pesam na avaliação do modelo de desenvolvimento predatório.

Equilíbrio biológico. Equilíbrio dinâmico entre os fatores biótico de uma determinada área ou ecossistema.

Equilíbrio ecológico. (1) População de tamanho estável na qual as taxas de mortalidade e emigração são compensadas pela taxa de natalidade e imigração. Equilíbrio de fluxo de energia em um ecossistema. (2) População na qual as freqüências de genes estão em equilíbrio. (3) O equilíbrio ecológico é um requisito para a manutenção da qualidade e das características essenciais do ecossistema ou de determinado meio. Não deve ser entendido como situção estática, mas como estado dinâmico no amplo contexto das realções entre os vários seres que compõem o meio, como as relações tróficas, o transporte de matéria e energia. O equilíbrio ecológico supõe mecanismos de auto-regulação ou retroalimentação nos ecossistemas.

Erosão. (1) Trabalho de desgaste realizado pelos diversos agentes do relevo, tais como as águas correntes, o vento e o gelo. (2) Desgaste do solo por água corrente, geleiras, ventos e vagas (DNAEE, 1976). (3) Destruição das saliências ou reentrâncias do relevo, tendendo a um nivelamento ou colmatagem, no caso de litorais, baías, enseadas e depressões (GUERRA, 1978). (4) Desgaste e/ou arrastamento da superfície da terra pela água corrente, vento, gelo ou outros agentes, incluindo processos como o arraste natural. (5) Desgaste do solo, ocasionado por diversos fatores, tais como: água corrente, geleiras, ventos, vagas e desmatamentos. Obras de engenharia e movimentações de terra podem causar ou ocasionar erosão. Tipos de erosão: mecânica, hidráulica, eólica e outras.

Etanol. Produto derivado da cana de açúcar, que também pode ser obtido de cereais. O etanol é um excelente combustível automotivo e emite poucos poluentes. É utilizado como combustível no Brasil sob a forma hidratada e também é adicionado à gasolina.

Evolução. Processo de diversificação genética e morfológica de organismos na natureza. Evolução expressa a quantidade de diversificação orgânica ocorrendo na biosfera e é idealmente medida pelo fenômeno de especiação. O conceito de evolução está intimamente ligado à ocorrência de mudanças nas freqüências gênicas de populações.

Exaustão. Emissão de poluentes dos carros, caminhões, trens, aviões e barcos. Existem mais de 550 milhões de veículos na Terra, o suficiente para envolvê-la mais de 40 vezes. A exaustão de todos estes veículos polui o ar e aumenta o nível de ozônio ao nível do solo.

Extinção. (1) Desaparecimento de determinada espécie, devido a processos naturais ou provocados pelo homem, como a caça e a pesca desmedidas, o manejo incorreto do solo e o desmatamento. (2) Eliminação de uma espécie.

Extrativismo. (1) Retirada da natureza, a matéria-prima. (2) Sistema de exploração baseado na coleta e extração, de modo sustentável, de recursos naturais renováveis (ARRUDA *et allii*, 2001).

Fertilidade do solo. Capacidade de produção do solo devido à disponibilidade equilibrada de elementos químicos como potássio, nitrogênio, sódio, ferro, magnésio e da conjunção de alguns fatores como água, luz, ar, temperatura e da estrutura física da terra (ACIESP, 1980).

Fertilizante. (1) Substância mineral ou orgânica, natural ou sintética, fornecedora de um ou mais nutrientes vegetais (Lei 6.894/80 e Decreto 86.955/82). (2) Substância natural ou artificial que contém elementos químicos e propriedades físicas que aumentam o crescimento e a produtividade das plantas, melhorando a natural fertilidade do solo ou devolvendo os elementos retirados do solo pela erosão ou por culturas anteriores.

Fertilizante orgânico. Fertilizante de origem vegetal ou animal contendo um ou mais nutrientes das plantas (Decreto 86.955/82).

Fertilizante organomineral. (1) Fertilizante procedente da mistura ou combinação de fertilizantes minerais e orgânicos (Decreto 86.955/82). (2) Fertilizante resultante da mistura de dois ou mais fertilizantes simples (Decreto 86.955/82).

Fertilizante simples. Fertilizante formado de um composto químico, contendo um ou mais nutrientes das plantas (Decreto 86.955/82).

Fito. Prefixo que significa planta.

Floresta. (1) Vegetação cerrada constituída de árvores de grande porte, cobrindo grande extensão de terreno. (2) Ecossistemas complexos, nos quais as árvores são a forma vegetal predominante que protege o solo contra o impacto direto do sol, dos ventos e das precipitações. A maioria dos autores apresentam matas e florestas como sinônimos, embora alguns atribuam à floresta maior extensão que às matas. (3) Vegetação de árvores com altura geralmetne maior que sete metros, com dossel fechado ou mais ralo, aberto; às vezes (mata) significa um trecho menos extenso que floresta, e mais luxuriante (densa ou alta) do que arvoredo (GOODLAND, 1975).

Floresta tropical. Área onde ocorre muita chuva. As florestas tropicais são úmidas e quentes e abrigam diversos tipos de animais e plantas. As florestas tropicais abrigam mais da metade de todas as espécies de plantas e animais da Terra. Estão localizadas próximas ao Equador na América do Sul, América Central, Ásia e África. A maior floresta tropical é a Amazônica.

Fóssil. Resto ou vestígio de animal ou planta que existiram em épocas anteriores à atual. Prestam-se ao estudo da vida do passado, da paleogeografia e do paleoclima, sendo utilizados ainda na *datação e correlação* das camadas que os contêm.

Fotossíntese. (1) Formação de carboidratos, a partir de bióxido de carbono e água, nas células clorofiladas de plantas verdes, sob a influência da luz, com desprendimento fotoquímico de oxigênio. (2) É o processo pelo qual a energia proveniente do sol é usada para formar as ligações de energia química que mantêm juntas as moléculas orgânicas. As matérias-primas inorgânicas usadas na fotossíntese são CO2 e água. O oxigênio que é liberado na atmosfera é um dos seus produtos finais mais importantes (EHRLICH & EHRLICH, 1974 fotossintetizantes (especialmente clorofila). A luz solar é capturada e transformada em energia alimentar, metabolizada.

Fragilidade ambiental. O conceito diz à respeito à susceptibilidade do meio ambiente a qualquer tipo de dano, inclusive à poluição. Daí a definição de ecossistema ou áreas frágeis.

Fumaça.(1) Resultante de combustão incompleta emitida por indústrias e veículos, queimadas, etc. (2) Aerossol constituído por partículas resultantes da combustão incompleta de materiais orgânicos, geralmente com diâmetros inferiores a 1 centímetro.

Gás natural. (1) Mistura gasosa, cujo constituinte principal é o metano. O gás natural é uma energia fóssil, muitas vezes associada a depósitos de petróleo. Não é muito tóxico e tem duplo poder calorífico. Sua combustão libera apenas dióxido de carbono e é considerada uma fonte de energia limpa. (2) Recurso natural relativamente abundante e amplamente utilizado. O gás natural pode ser usado em estado gasoso - comprimido e na forma líquida. As duas formas geram uma menor emissão de poluentes do que a gasolina. Por isso tem sido utilizado como combustível em ônibus metropolitanos de alguma cidades.

Gasolina. Combustível que é utilizado em um motor de combustão. A gasolina é derivada do petróleo, que é uma fonte de combustível fóssil, e é utilizada na maioria dos carros.

Gasolina aditivada. Formulação da gasolina comum que causa melhor desempenho no veículo e menor poluição. A gasolina aditivada pode conter ethanol para melhorar a octanagem e reduzir a emissão de poluentes.

Genética. Ramo da Biologia que trata da hereditariedade. Ela se ocupa das diferenças entre os seres vivos, das suas causas e dos mecanismos e leis da transmissão dos caracteres individuais.

Genoma. (1) Conjunto de cromossomos que corresponde ao conjunto haplóide (n) da espécie. (2) Conjunto de elementos genéticos constituitivos de um indivíduo, que traduz as suas características. Adquiriu grande importância na biotecnologia, porquanto pode contribuir para o aperfeiçoamento genético de espécies medicinais e comestíveis. No que se refere à espécie humana, o Projeto Genoma prevê a decodificação da estrutura genética do ser humano. A manipulação dos genomas está associada não somente a questões científicas mas, também, éticas, religiosas e morais.

Geografia. Ciência que tem por objeto a descrição da Terra na sua forma, acidentes físicos, clima, produções, populações, divisões políticas, etc.

Geologia. Ciência que trata da origem e constituição da Terra, especialmente como reveladas pelas rochas. Características geológicas de uma região.

Geosfera. Parte sólida do nosso planeta.

Gestão ambiental. (1) Condução, direção e controle, pelo governo, do uso e da conservação dos recursos naturais, através de determinados instrumentos, que incluem medidas econômicas, regulamentos, investimentos públicos e financiamentos, requisitos interinstitucionais e jurídicos. (2) A tarefa de administrar o uso produtivo de um recurso renovável sem reduzir a produtividade e a qualidade ambiental, normalmente em conjunto com o desenvolvimento de uma atividade (HURTUBIA, 1980). (3) É um processo de mediação entre interesses de atores sociais voltado ao uso ou preservação de um recurso (ARRUDA *et allii*, 2001). (4) Condução, direção, proteção da biodiversidade, controle do uso de recursos naturais, através de determinados instrumentos, que incluem regulamentos e normatização, investimentos públicos e financiamentos, requisitos interinstitucionais e jurídicos. Este conceito tem evoluído para uma perspectiva de gestão compartilhada pelos diferentes agentes envolvidos e articulados em seus diferentes papéis, a partir da perspectiva de que a responsabilidade pela conservação ambiental é de toda a sociedade e não apenas do governo, e baseada na busca de uma postura pró-ativa de todos os atores envolvidos (ARRUDA *et allii*, 2001).

Greenpeace. ONG multinacional fundada em 1971. Atua em pelo menos cinco áreas diferentes: ecologia oceânica, selvas tropicais, Antártida, substâncias tóxicas, energia nuclear e atmosfera. O Greenpeace se serve de armas eficientes como ação direta, que atrai a atenção da mídia e muitas vezes impede um processo de agressão ambiental. Elabora estudos científicos sobre os problemas ecológicos mais graves do planeta.

Hidroesfera. Meio líquido do planeta, constituído pelas águas oceânicas e continentais da Terra. As superfícies líquidas correspondem a 71% da superfície terrestre, enquanto as terras emersas 29 %.

Hipótese Gaia. Hipótese formulada por James E. Lovelock e Lynn Margulis em 1979, que se refere ao papel dos organismos vivos na manutenção do equilíbrio climático da Terra. A teoria vê a Terra como um único, porém complexo organismo, capaz de se auto-organizar. Os elementos bióticos atuam na moderação do clima, gerando condições químicas e físicas favoráveis para todas as formas de vida do planeta. Gaia era, na antiga mitologia grega, o nome da deusa que simbolizava a Terra.

Holismo, Holístico. (1) Teoria filisófica, aplicada às ciências ambientais para a compreensão das relações entre os componentes do meio ambiente, pela qual seus elementos vivos (todos os organismos, inclusive os homens) e não vivos interagem como um todo, de acordo com leis físicas e biológicas bem definidas. Neste sentido, holístico significa total, abrangente, que considera as inter-relações de todos os componentes do meio ambiente. (2) Doutrina segundo a qual a vida, sob todos os seus aspectos, constitui um sistema interagente e integrado com os elementos inorgânicos do meio (CARVALHO, 1981).

Impacto ambiental. Qualquer alteração das propriedades físicas, químicas e biológicas do meio ambiente, causada por qualquer forma de matéria ou energia resultante das atividades humanas que, diretamente, afetem: (I) a saúde, a segurança e o bem-estar da população; (II) as atividades sociais e econômicas; (III) a biota; (IV) as condições estéticas e sanitárias do meio ambiente; (V) a qualidade dos recursos ambientais (Resolução CONAMA Nº 001 de 23.01.86).

Incêndio florestal. (1) Todo fogo sem controle que incide sobre qualquer forma de vegetação, podendo tanto ser provocado pelo homem (intencional ou negligência) ou por fonte natural (raio). (2) fogo sem controle em qualquer forma de vegetação (Decreto 97.635/89).

Instituto Nacional de Metrologia, Normalização e Qualidade Industrial - INMETRO. Órgão de normalização do Governo Federal, que possui uma Comissão Técnica de Certificação Ambiental, cuja finalidade é estabelecer a estrutura para o credenciamento de entidades de certificação de sistemas de gestão ambiental, de certificação ambiental, de produtos de auditores ambientais, garantindo a conformidade com as exigências internacionais.

Inundação. É o efeito de fenômenos meteorológicos, tais como chuvas, ciclones e degelos, que causam acumulações temporais de água, em terrenos que se caracterizam por deficiência de drenagem, o que impede o desaguamento acelerado desses volumes (SAHOP, 1978).

ISO (International Organization for Standardization). Organização Internacional de Padronização, formada pelos representantes de mais de 120 países. Organização fundada em 1947 e sediada em Genebra, Suíça. É responsável pela elaboração e difusão de normas internacionais em todos os domínios de atividades, exceto no campo eletro-eletrônico, que é de reponsabilidade da IEC (International Eletrotechnical Commission). Dentre as centenas de normas elaboradas pela ISO, de interesse para área ambiental são a série ISO-9000, de gestão da qualidade de produtos e serviços, e a série ISO-14000, de sistemas de gestão ambiental.

ISO 14000. Conjunto ou série de normas da ISO, de caráter voluntário, que visa a sistematizar os princípios de gestão ambiental nas empreas. Baseada numa precursora inglesa, a *British Standard - BS-7750* - teve, em relação a esta, sua abrangência expandida e sua especificidade minimizada, de forma a ser aceita em todo o mundo. As normas desta série contêm diretrizes relativas às seguintes áreas: sistemas de gestão ambiental, auditorias ambientais, rotulagem ambiental, avaliação de desempenho ambiental e análise de ciclo de vida.

La niña. Episódio frio do oceano Pacífico. É o resfriamento anômalo das águas superficiais do oceano Pacífico Equatorial, Central e Oriental. De modo geral, pode-se dizer que La niña é o posto de El niño, pois as temperaturas do mar nesta região situam-se em torno de 25° C.

Legislação ambiental. Conjunto de regulamentos jurídicos especificamente dirigidos às atividades que afetam a qualidade do meio ambiente (SHANE apud Interim Mekong Committee, 1982).

Leito Fluvial. Parte mais baixa do vale de um rio, modelada pelo escoamento da água, ao longo da qual se deslocam em períodos normais, a água e os sedimentos (DNAEE, 1976).

Lençol freático. (1) Depósito subterrâneo de água situado a pouca profundidade. (2) Lençol de água subterrânea de onde se extrai boa parte da água para consumo humano. Também conhecido como lençol aqüífero. (3) Águas subterrâneas, próximas ou não à superfície da Terra.

Licenciamento ambiental. Procedimento administrativo pelo qual o órgão ambiental competente licencia a localização, instalação, ampliação e a operação de empreendimentos e atividades utilizadoras de recursos ambientais, consideradas efetiva ou potencialmente poluidoras ou daquelas que, sob qualquer forma, possam causar degradação ambiental, considerando as diposições legais e regulamentares e as normas técnicas aplicáveis ao caso (Resolução CONAMA 237/97).

Lixão. (1) Local onde o lixo é simplesmente despejado no solo, sem qualquer tratamento, causando poluição do solo, do ar e da água. (2) Área em que está localizado um depósito de lixo sem qualquer cuidado com o meio ambiente e com a saúde pública. (3) Forma inadequada de disposição final de resíduos sólidos, que consiste na descarga do material no solo sem qualquer técnica ou medida de controle. Este acúmulo de lixo traz problemas como a proliferação de vetores de doenças (ratos, baratas, moscas, mosquitos, etc.), a geração de odores desagradáveis e a contaminação do solo e das águas superficiais e subterrâneas pelo chorume. Além disso, a falta de controle possibilita o despejo indiscriminado de resíduos perigosos, favorecendo a atividade de catação e a presença de animais domésticos que se alimentam dos restos ali dispostos.

Lixo atômico. (1) Nome que se dá aos resíduos industriais de origem radioativa ou química que oferecem riscos ao meio ambiente. Também é chamado de lixo tóxico. (2) Resíduos radioativos e químicos de difícil estocagem e/ou inativação que constituem um dos maiores problemas das sociedades industrializadas.

Lixo orgânico. Restos de vegetais, animais e outros materiais que podem ser usados como adubo quando decompostos.

Lixo reciclável. Materiais como vidro, plástico, papel, etc., que podem ser reaproveitados para fabricação de novos produtos.

Manancial. (1) Qualquer corpo d'água, superficial ou subterrâneo, utilizado para abastecimento humano, animal ou irrigação. Conceitua-se a fonte de abastecimento de água que pode ser, por exemplo, um rio, um lago, uma nascente ou poço, proveniente do lençol freático ou do lençol profundo (Companhia de Tecnologia de Saneamento Ambiental). (2) Qualquer extensão d'água, superficial ou subterrânea, utilizada para abastecimento humano, industrial, animal ou irrigação.

Manancial subterrâneo. Corpo de água que se encontra abaixo da superfície, podendo compreender lençóis freáticos e confinados, sendo sua captação feita através de poços e galerias de infiltração ou pelo aproveitamento de nascentes.

Manancial superficial. Corpo de água que se encontra totalmente sobre a superfície terrestre, compreendendo cursos de água, lagos e reservatórios artificiais.

Manejo. (1) É o ato de intervir ou não no meio natural com base em conhecimentos científicos e técnicos, com o propósito de promover e garantir a conservação da natureza. Medidas de proteção aos recursos, sem atos de interferência direta nestes, também fazem parte do manejo (ARRUDA *et allii*, 2001

Manejo ambiental. (1) Conjunto de atividades e práticas que, harmonicamente executadas, permitem o desenvolvimento sócio-econômico e a conservação ambiental. (2) Programa de utilização dos ecossistemas, naturais ou artificiais, baseado em teorias ecológicas que contemplam a manutenção da biodiversidade e o aumento da produção de insumos necessários à vida na região (produção agrícola, energética, pecuária), além de propiciarem o conhecimento científico e atividades de lazer.

Mata virgem/nativa/primária. É a mata que nunca foi mexida pelo homem.

Matéria orgânica. (1) Composto natural de resíduos animais e vegetais que são passíveis ou sofreram decomposição. (2) Material constituinte dos animais ou vegetais. Portanto é passível de decomposição.

Matéria-prima. Substância destinada à obtenção direta do produto técnico por processo químico, físico e biológico (Decreto 98.816/90).

Medidas corretivas. Ações para a recuperação de impactos ambientais causados por qualquer empreendimento ou causa natural. Significam todas as medidas tomadas para proceder à remoção do poluente do meio ambiente, bem como restaurar o ambiente que sofreu degradação resultante destas medidas (ARRUDA *et allii*, 2001).

Medidas preventivas. Medidas destinadas a prevenir a degradação de um componente do meio ou de um sistema ambiental (ARRUDA *et allii*, 2001).

Meio ambiente. (1) Apresentam-se, para meio ambiente, definições acadêmicas e legais, algumas de escopo limitado, abrangendo apenas os comportamentos naturais, outras refletindo a concepção mais recente, que considera o meio ambiente um sistema no qual interagem fatores de ordem física, biológica e sócio-econômica. (2) O conjunto, em um dado momento, dos agentes físicos, químicos, biológicos e dos fatores sociais susceptíveis de terem um efeito direto ou indireto, imediato ou o termo, sobre os seres vivos e as atividades humanas (POUTREL & WASSERMAN, 1977). (3) A soma das condições extremas e influência que afetam a vida, o desenvolvimento e, em última análise, a sobrevivência de um organismo (The World Bank, 1978).

Metais pesados. (1) Metais como o cobre, zinco, cádmio, níquel e chumbo que, se presentes na água ou no ar em elevadas concentrações, podem retardar ou inibir os processos biológicos ou se tornarem tóxicos aos organismos vivos. (2) Grupo de elementos minerais que agem como poluentes de ecossistemas e que são geralmente muito tóxicos. Os metais pesados são o mercúrio, cádmio, chumbo, zinco, cromo, níquel, selênio, cobre, a platina e o arsênio. Eles se acumulam no organismo das plantas e animais e, através da cadeia alimentar, podem chegar ao homem.

Metanol. Derivado do carvão e da madeira, é um combustível de alta performance e emite baixos níveis de poluentes tóxicos. Metanol é utilizado como combustível em veículos de corrida devido às suas características e aspectos de segurança.

Metrópoles. Núcleos urbanos onde há a concentração de pessoas, recursos econômicos, culturais, sociais e políticos, além de setor terciário especializado.

Monitoramento de impacto ambiental. (1) O processo de observações e medições repetidas, de um ou mais elementos ou indicadores da qualidade ambiental, de acordo com programas preestabelecidos, no tempo e no espaço, para testar postulados sobre o impacto das ações do homem no meio ambiente (BISSET, 1982).

Monóxido de carbono. Gás incolor, inodoro e venenoso produzido pela combustão incompleta de madeira, carvão, óleo e gasolina. Carros e caminhões emitem monóxido de carbono. Respirar muito monóxido de carbono pode tornar a pessoa doente.

Natureza. Em ciências ambientais, tudo o que existe, exceto as obras humanas, mas incluindo os humanos.

Nitrogênio. Principal gás que existe na atmosfera, o nitrogênio intervém na biosfera através de um complexo ciclo que envolve trocas entre atmosfera, solo e seres vivos. A bactéria *Rhizobium*, que cresce nas raízes das plantas leguminosas (feijão, soja), fixa o nitrogênio do ar, transformando-o em nitrato, um nutriente fundamental para as plantas.

Ocupação do solo. (1) Utilização dos espaços com fins produtivos (agricultura, pecuária, indústria, comércio). A ocupação do solo admite graus muito diversos de intensidade e de formas. O ordenamento de espaço feito pelos planificadores urbanos constitui um modelo concreto de ocupação do solo. (2) Ação ou efeito de ocupar o solo, tomando posse física do mesmo, para desenvolver uma determinada atividade produtiva ou de qualquer índole, relacionada com a existência concreta de um grupo social, no tempo e no espaço geográfico (SAHOP, 1978).

Óleos e graxas. (1) Grupo de substâncias, incluindo gorduras, graxas, ácidos graxos livres, óleos minerais e outros materiais graxos (CARVALHO, 1981). (2) São substâncias compostas, primordialmente, de substâncias gordurosas originárias dos despejos das cozinhas, de indústrias como matadouros e frigoríficos, extração em autoclaves, lavagem de lã, processamento do óleo, comestíveis e hidrocarbonetos de indústria de petróleo (BRAILE, 1983).

ONG. Organização não governamental.

Oxigênio. Gás incolor e inodoro de fórmula química O2. É essencial à vida. O oxigênio é um elemento natural e ocorre em 21% em volume no ar que respiramos. O corpo humano utiliza o ar para o metabolismo.

Ozônio. (1)Gás azulado, muito oxidante e reativo. Estima-se que 90% do ozônio disponível esteja concentrado na camada que protege o planeta dos raios ultravioletas. (2) Gás com odor característico, incolor . O Ozônio é bom e mau. Nas camadas elevadas da atmosfera, é importante porque filtra os raios ultravioletas. Ao nível do solo, é perigoso porque forma poluentes tóxicos, reagindo com outros gases da atmosfera poluída.

PIB (Produto Interno Bruto). Soma de todas as riquezas produzidas dentro do território econômico do País, independente de sua origem.

Planejamento Ambiental. Identificação de objetivos adequados ao ambiente físico a que se destinam, incluindo objetivos sociais e econômicos, e a criação de procedimentos e programas administrativos para atingir aqueles objetivos.

Planos diretores ambientais. Conjunto de diretrizes, etapas de realização, restrições e permissões, idealizados com base em diagnósticos prévios, para disciplinar o desenvolvimento de projetos e atividades em uma determinada área, com vista ao alcance de objetivos e metas de recuperação e conservação ambiental.

Pluvial. Relativo à chuva. Proveniente da chuva.

Pluviometria. Ciência que estuda a quantidade de chuva.

PNB *per capita*. Soma de todos as riquezas produzidas num país no período de 01 ano dividida pela população total.

PNUMA. Programa das Nações Unidas para o Meio Ambiente. Estabelecido pela ONU em 1972, a partir de acordos discutidos durante a Conferência de Estocolmo de 1972 sobre Ambiente Humano. O PNUMA é uma unidade das Nações Unidas, e não uma de suas agências especializadas, portanto é mantido por doações voluntárias e não pelas contribuições dos diversos governos. O PNUMA se reporta diretamente à Assembleia Geral através do Conselho Econômico e Social da ONU (UNEP).

Poluente atmosférico. Qualquer forma de matéria ou energia com intensidade e em quantidade, concentração, tempo ou características em desacordo com os níveis estabelecidos, e que tomem ou possam tornar o ar impróprio, nocivo ou ofensivo à saúde; inconveniente ao bem-estar público; danoso aos materiais, à fauna e à flora; prejudicial à segurança , ao uso e gozo da propriedade e às atividades normais da comunidade (Portaria Normativa IBDF 348/90 e Resolução CONAMA 003/90).

Poluentes. (1) Detritos sólidos, líquidos ou gasosos nocivos à saúde, de origem natural ou industrializados, que são lançados no ar, na água ou no solo. (2) Substância, meio ou agente que provoque, direta ou indiretamente, qualquer forma de poluição. (3) Qualquer substância líquida, sólida ou gasosa, introduzida em um recurso natural e que o torne impróprio para uma finalidade específica (The World Bank, 1978). (4) Partícula que contamina o ar. Sinônimo de contaminante. (5) Qualquer substância ou energia que, lançada para o meio, interfere com o funcionamento de parte ou de todo ecossistema. Os poluentes podem afetar a estrutura e as funções dos ecossistemas.

Poluente biodegradável. São em geral refugos de natureza orgânica, como o esgoto sanitário, que se decompõem com rapidez por meio de processos naturais ou controlados, estabilizando-se por fim (CARVALHO, 1981).

Poluente não-biodegradável. São os metais pesados, como o cobre, os sais de mercúrio, substâncias químicas fenólicas, entre outros, e que comumente produzem magnificação biológica (CARVALHO, 1981).

Poluentes qualitativos. São substâncias sintéticas - as produzidas e liberadas exclusivamente pelo homem (EHRLICH & EHRLICH, 1974).

Poluentes quantitativos. São substâncias que estão presentes de forma natural no ambiente, mas que são liberadas pelo homem em quantidades adicionais significativas (EHRLICH & EHRLICH, 1974).

Poluição. (1) Qualquer interferência prejudicial aos usos preponderantes das águas, do ar e do solo, previamente estabelecidos. (2) Qualquer alteração das propriedades físicas, químicas ou biológicas do meio ambiente, causada por qualquer forma de matéria ou energia resultante das atividades humanas que, direta ou indiretamente, afetam a saúde, a segurança e o bem-estar da população, as atividades sociais e econômicas, a biota, as condições estéticas e sanitária do meio ambiente e a qualidade dos recursos ambientais (ARRUDA *et allii*, 2001).

Poluição ambiental. (1) Qualquer alteração do meio ambiente prejudicial aos seres vivos. Nesse caso, incluem-se a poluição atmosférica, provocada pelas nuvens de fumaça e vapor de instalações industriais e dos escapamentos de veículos; a poluição sonora, causada pelo barulho de máquinas, buzinas de veículos, sons de rádio, aparelhos de som e tevê muito altos; e a poluição visual, decorrente do grande número de cartazes, faixas e luminosos espalhados pelas ruas das cidades. (2) É a adição, tanto por fonte natural ou humana, de qualquer substância estranha ao ar, à água ou ao solo, em tais quantidades que tornem esse recurso impróprio par auso específico ou estabelecido. Presença de matéria ou energia, cuja natureza, localização e quantidade produzam efeitos ambientais indesejados (The World Bank, 1978). (3) A degradação ambiental resultante de atividades que direta ou indiretamente: a) prejudiquem a saúde, a segurança e o bem-estar da população; b) criem condições adversas às atividades sociais e econômicas; c) afetem desfavoravelmente a biota; d) afetem as condições estéticas ou sanitárias do meio ambiente; e) lancem materiais estabelecidos (Lei nº 6.938 de 30.08.81 - Brasil)

Poluição da água. É o lançamento nas águas dos mares, dos rios, dos lagos e demais corpos d'água, superficiais ou subterrâneos, de substâncias químicas, físicas ou biológicas que afetem diretamente as características naturais das águas e a vida ou que venham a lhes causar efeitos adversos secundários.

Poluição do ar. Ou poluição atmosférica. É a acumulação de qualquer substâancia ou forma de energia no ar, em concentrações suficientes para produzir efeitos mensuráveis no homem, nos animais, nas plantas ou em qualquer equipamento ou material, em forma de particulados, gases, gotículas ou qualquer de suas combinações.

Poluição do solo. Contaminação do solo por qualquer um dos inúmeros poluentes derivados da agricultura, da mineração, das atividades urbanas e industriais, dos dejetos animais, do uso de herbicidas ou dos processos de erosão.

Poluidor. Pessoa física ou jurídica, de direito público ou privado, responsável, direta ou indiretamente, por atividades causadora de degradação ambiental (Lei 6.938/81).

População. Em ecologia, o termo população, cunhado inicialmente para designar um grupo de pessoas, ampliou-se para incluir grupos de indivíduos de qualquer classe de organismos (ODUM, 1972).

Posseiro. Agricultor que se utiliza de terra que aparentemente não tem dono.

Povos indígenas. Coletividades que se distinguem no conjunto da sociedade nacional por reconhecerem seus vínculos históricos com populações ameríndias antecessoras ao processo de colonização européia.

Pragas e doenças. Organismos vivos (em geral, insetos, fungos, bactérias e vírus) que, ao utilizarem as plantas como fonte de alimento ou como hospedeiras, alteram o seu ritmo normal de crescimento e desenvolvimento em grau suficiente, causando danos econômicos às plantações florestais.

Predador. Um animal (raramente uma planta) que mata e come animais.

Preservação. (1) Sistema de proteção conferido a determinada área quando se deseja garantir sua intocabilidade. (2) Ação de proteger, contra a destruição e qualquer forma de dano ou degradação, um ecossitema, uma área geográfica defina ou espécies animais e vegetais ameaçados de extinção, adotando-se as medidas preventivas legalmente necessárias e as medidas de vigilância adequadas. Prevenção de ações futuras que possam afetar um ecossistema (USDT, 1980).

Putrefação. (1) Processo de oxidação natural que ocorre em virtude da ação de bactérias e fungos. (2) Decomposição biológica de matéria orgânica, com formação de cheiro desagradável, associada a condições anaeróbias (ABNT, 1973).

Qualidade ambiental. (1) O estado do meio ambiente, como objetivamente percebido, em termos de medição de seus componentes, ou subjetivamente, em termos de atributos tais como beleza e valor (MUNN, 1979). (2) É o estado do ar, da água, do solo e dos ecossistemas, em relação aos efeitos da ação humana (HORBERRY, 1984).

Queimadas. (1) Práticas agropastoris ou florestais, em que o fogo é utilizado de forma controlada, atuando como um fator de produção. (2) Prática agrícola rudimentar, proibida pelo artigo 27 do Código Florestal, que consiste na queima da vegetação natural, quase sempre matas, com o fim de preparar o terreno para semear ou plantar; essa prática prejudica a fertilidade do solo pela liberação dos sais minerais. Queima de mato, principalmente para utilização do solo na agricultura (CARVALHO, 1981).

Radiação. (1) As radiações emitidas podem ser naturais ou artificiais. Os raios do sol, p.ex., ou os materiais radiativos naturais das jazidas estão entre as radiações naturais do planeta. Dejetos nucleares de centrais ou bombas de cobalto utilizadas em hospitais estão as fontes de radiação produzidas artificialmente.

Reciclagem. (1) Obtenção de materiais a partir de resíduos, introduzindo-os de novo no ciclo da reutilização com a finalidade de reduzir o lixo industrial e doméstico. Reaproveitamento de algum material. (2) Reutilização de recursos através da recuperação de detritos, reconcentração e reprocessamento para o uso industrial. (3) Ato de tornar útil e disponível novamente, eventualmente através de um processo de transformação físico-química, material que já foi utilizado anteriormente dentro de um sistema. Materiais que seriam descartados como lixo tornam-se novamente matéria-prima para a manufatura de bens, reduzindo a extração de recursos naturais.

Reciclagem do lixo. Reaproveitamento de matérias como vidro, plástico e papel, para fabricação de novos produtos.

Recomposição florestal. Ação visando recompor a área objeto de exploração florestal adotando-se para tal, técnicas de regeneração natural ou induzida aplicável a cada tipologia (manejo florestal) (Portaria Normativa IBDF 302/84).

Recuperação. (1) Conjunto de ações, planejadas e executadas por especialistas de diferentes áreas de conhecimento humano, que visam proporcionar o restabelecimento da auto-sustentabilidade e do equilíbrio paisagístico semelhantes aos anteriormente existentes em um sistema natural que perdeu essas características. (2) Restituição de um ecossistema ou de uma população silvestre degradada a uma condição não degradada, que pode ser diferente de sua condição original (Lei n.º 9.985/2000, art.º, XIII).

Recuperação de área degradada. Atividade que tem por objetivo o retorno do sítio degradado a uma forma de utilização, de acordo com um plano pré-estabelecido para o uso do solo, visando a obtenção de uma estabilidade do meio ambiente (Decreto 97.632/89).

Recursos hídricos. (1) As águas superficiais ou subterrâneas disponíveis para qualquer uso em uma determinada região. (2) Numa determinada região da bacia, a quantidade de águas superficiais ou subterrâneas, disponíveis para qualquer uso (DNAEE, 1976).

Recursos minerais. Qualquer recurso natural que seja de origem mineral.

Recursos naturais. (1) Denominação que se dá à totalidade das riquezas materiais que se encontram em estado natural, como florestas e reservas minerais. (2) São os mais variados meios de subsistência que as pessoas obtêm diretamente na natureza (SAHOP, 1978).

Recursos não renováveis. Recursos provenientes da decomposição da matéria orgânica acumulada há milhões de anos e que se encontram no interior das rochas e do subsolo. Ex.: petróleo, carvão fóssil.

Recursos renováveis. (1) Recursos que podem ser utilizados pelo homem e que podem ser recolocados na natureza (ex.: árvores, animais) ou já existentem à disposição sem que seja necessária a reposição (ex.: energia solar, ventos, água).

Reflorestamento. (1) Replantio de árvores em lugar onde foi derrubada floresta virgem. O reflorestamento com espécies nativas contribui para restabelecer a biodiversidade e a riqueza da floresta original, devendo ser preferido sempre que possível.

Reforma agrária. (1) Conjunto de medidas que visem a promover melhor distribuição da terra, mediante modificações no regime de sua posse e uso, a fim de atender aos princípios de justiça social e ao aumento de produtividade (Lei 4.504/64

Rendimento sustentado. Situação alcançada em uma floresta submetida a práticas de manejo, onde se tenta obter o equilíbrio entre a produção de matéria-prima e o corte (Portaria Normativa IBDF 302/84).

Reserva florestal. Áreas de grande extensão territorial, não habitadas, de difícil acesso e ainda em estado natural.

Resíduo. Substância ou mistura de substâncias remanescentes ou existentes em alimentos ou no meio ambiente, decorrente do uso ou não de agrotóxicos e afins, inclusive qualquer derivado específico, tais como produtos de conversão e de degradação, metabólicos, produtos de reação e impurezas, considerados toxicológica e ambientalmente importantes (Decreto 98.816/90).

Resíduos sólidos. (1) Todos os resíduos sólidos ou semi-sólidos que não têm utilidade, nem valor funcional ou estético para o gerador e são originados em residências, indústrias, comércio, instituições, hospitais e logradouros públicos. (2) Material inútil, indesejado ou descartado, cuja composição ou quantidade de líquido não permite que se escoe livremente.

Saneamento. (1) Conjunto de medidas adotadas em relação ao meio, com a finalidade de criar condições favoráveis à manutenção do meio e da saúde das populações. (2) O controle de todos os fatores do meio físico do homem que exercem efeito deletério sobre seu bem-estar físico, mental ou social (Organização Mundial de Saúde, apud ACIESP, 1980).

Saneamento ambiental. (1) Conjunto de ações que tendem a conservar e melhorar as condições do meio ambiente em benefício da saúde (SAHOP, 1978). (2) É a aplicação dos princípios da Engenharia, da Medicina, da Biologia e da Física no controle do ambiente, com aquelas modificações originárias da proteção e das medidas porventura desejáveis ou necessárias para instituir as condições ótimas de saúde e bem-estar (CARVALHO, 1981).

Saneamento básico. (1) É a solução dos probelmas relacionados estritamente com o abastecimento de água e disposição dos esgotos de uma comunidade. Há quem defenda a inclusão do lixo e outros problemas que terminarão por tornar sem sentido o vocábulo básico do título do verbete (CARVALHO, 1981) (2) Conjunto de instalações e operações destinadas a garantir água potável de boa qualidade, a coleta e tratamento dos esgotos, a drenagem da água pluvial e a coleta e disposição final do lixo.

Tratamento da água. (1) Conjunto de procedimentos para converter água impura em água potável ou utilizável pela indústria ou agricultura. As instalações destinadas para tratamento são denominadas depuradoras ou purificadoras, e recebem o nome de dessalinizadoras quando tratam a água do mar. (2) É o conjunto de ações destinadas a alterar as características físicas e/ou químicas e/ou biológicas da água, de modo a satisfazer o Padrão de Potabilidade (ACIESP, 1980).

Tratamento de lixo. Conjunto de procedimentos destinados à redução e eliminação ou ao reaproveitamento dos resíduos procedentes da indústria, comércio ou das residências. Em geral, o lixo é separado, comprimido, triturado e incinerado. Os detritos radioativos, por sua vez, são enterrados em áreas especiais.

Unidades de conservação ambiental. Áreas com importantes recursos naturais, com proteção governamental garantida.

Urbanização. (1) Ato ou efeito de urbanizar. Arte ou ciência de edificar cidades; urbanística. (2) (a) Concentração de população em cidades e a conseqüente mudança sócio-cultural dessas populações, ou ainda, aumento da população urbana em detrimento da rural; (b) aplicação dos conhecimentos e técnicas do planejamento urbano a uma determinada área; (c) migração de idéias e gênero de vida da cidade (status urbano) para o campo; através dos meios de comunicação de massa, rádio, televisão, os campos vão adquirindo modo de vida urbano (FERRARI, 1979).

Usina de reciclagem. Processo de separação de materiais que podem ser reaproveitados do lixo.

Uso sustentável. Exploração do ambiente de maneira a garantir a perenidade dos recursos ambientais renováveis e dos processos ecológicos, mantendo a biodiversidade e os demais atributos ecológicos, de forma socialmente justa e economicamente viável (Lei 9.985/2000, art. 2, XI).

Zoneamento ambiental. (1) É o planejamento racional, técnico, econômico, social e ambiental do uso do solo.

Bibliografia

Sites

- www.ambiente.sp.gov.br
- www.cagepa.pb.gov.br
- www.meioambiente.pro.br
- www.mma.gov.br
- www.SampaOnline.com.br
- www.lixo.com.br
- www.ecoar.org.br
- www.redeambiente.org.br
- www.5elementos.org.br
- www.projetovida.uol.com.br
- www.recicloteca.org.br
- www.reciclar.org.br
- www.vivaterra.org.br
- www.ibama.gov.br
- www.reciclemilhoesdevidas.org.br

Publicações

- ACOT, Pascal História da Ecologia. RJ: Ed. Campus, 2a. ed., 1990.
- Andy Bruce e Ken Langdon – Série Sucesso Profissional – Publifolha – Como Gerenciar Projetos
- BIOCIÊNCIAS, Instituto - Cadernos de Meio Ambiente. Rio de Janeiro: UNIGRANRIO
- BOFF, Leonardo - Saber Cuidar. São Paulo: Vozes,1999.
- BOFF, Leonardo - *Ética da Vida*. Brasília: Letra Viva.
- CAPRA, Fritjof - *O Ponto de Mutação*. São Paulo: Cultrix, 1982.
- CONFERÊNCIA DAS NAÇÕES UNIDAS SOBRE MEIO AMBIENTE E DESENVOLVIMENTO - Agenda 21. São Paulo: Senado Federal, Brasília, 1997.

- CROSBY, Alfred - Imperialismo Ecológico. São Paulo: Cia das letras, Tradução de J.A. Ribeiro e C.A Malferrari, 1993.
- Dicionário de Ciência Ambiental – Guia de A a Z. São Paulo: Gaia, Tradução Álvaro Martins, 1997.
- DIAS, Genebaldo Freire - Educação Ambiental: princípios e práticas e caderno de atividades. São Paulo : Global, 1998.
- FAJARDO, Elias - Se cada um fizer a sua parte... Rio de Janeiro: SENAC, 1998.
- FREIRE, Paulo - Pedagogia da Esperança. São Paulo: Paz e Terra, 1992.
- GRÜN, Mauro - Ética e Educação Ambiental - A Conexão Necessária. São Paulo: Papirus, 1996.
- IBAMA - Educação para um Futuro Sustentável – uma visão transdisciplinar para uma ação compartilhada. Brasília: IBAMA & UNESCO, 1999.
- SÃO PAULO, Secretaria de Meio Ambiente - Guia Pedagógico do Lixo. São Paulo: COEA/SEMA, 1998.
- SÃO PAULO, Secretaria de Meio Ambiente - Conceitos para se Fazer Educação Ambiental. São Paulo: COEA/SEMA, 1999.
- TENÓRIO, Fernarndo Guilherme (coord) – Elaboração, Administração e Avaliação de Projetos Comunitários, Loyola, 1998.

Impressão e Acabamento
Oesp Gráfica S.A. (Com Filmes Fornecidos Pelo Editor)
Depto. Comercial: Alameda Araguaia, 1.901 - Tamboré - Barueri - SP
Tel. 4195 - 1805 Fax: 4195 - 1384